U0218547

陈鹤岁 著

Architecture
in Chinese Idioms

成语
中的中国建筑

天津大学出版社
TIANJIN UNIVERSITY PRESS

目　录

再版前言

本书初版于 2007 年，由天津百花文艺出版社刊行。时间过得真快，一晃已步入 2015 年。在旧版阙如的当下，天津大学出版社决定重新刊印，我自然深感欣慰。

当初，我为撰写本书作准备，曾经辑录过一组近百余例则的有关于建筑的成语，其中约有三分之一被写入书中。借此次再版之机，笔者对原作进行了必要的补充和修改，订正了若干谬误和表述欠妥之处，增补了旧版未涉及的一些建筑门类和个体形象，特别添加了部分古典造园艺术的内容，涉及的成语例则也由初版的 46 则增加为 52 则，插图也作了相应的增补和调整。

成语可以说是一种语言的极致，它言简意赅，生动精练，众口相传，不仅是汉语词汇中经过千锤百炼形成的语言精华，也是历史文化积淀的产物。除极少数古奥冷僻者以外，绝大多数至今仍有旺盛的生命力。建筑成语作为成语独特的一支，是建筑文化信息传递和保存的极好载体，内中所蕴含的传统文化意韵，丰富而又深刻。可以毫不夸张地说，用大量饱含建筑文化信息的建筑成语，几乎能钩沉出一部中国古代建筑史。因此，解析这些信息，大大有助于了解中国古代建筑的历史轨迹和文化品格。

书中所解读的一个个与建筑相关的定型词组成语，大体上涵盖了古代建筑中的主要门类和个体建筑形象，诸如城市、街巷、宫殿、坛庙、民居、园林、桥梁、酒楼、戏场、佛寺、宫观、陵墓、楼阁、亭台、灵塔、厅堂、影壁、华表、屋顶、斗拱、墙壁、门窗、路径、砖瓦、家具、装饰等。

书中所解读的成语有不同来源：有的源自古代经典文献，如："功亏一篑"、"知者乐水"、"濠梁观鱼"、"石敢当"……有的源于民间俗语，如："三宫六院"、"后花园"……有的则是借用佛教用语，如："镜花水月"、"河东吼狮"、"顽石点头"……然而唱主角的，则是来自古代各类不同体裁的文学作品，随意即可列出长长一串，如："如翚斯飞"、"诗情画意"、"朝钟暮鼓"、"曲径通幽"、"鲁殿灵光"、"百花齐放"、"长亭短亭"、"暗香疏影"、"洞房花烛"、"孤云野鹤"、"班门弄斧"、"张灯结彩"、"钩心斗角"、"雕梁画栋"……这说明，建筑与文学是并生互通的，二者觥筹交错，联芳济美。古代建筑文化，自来就受到文学意象的控制，所以中国建筑在文学中的地位是很特殊的。建筑学家张良皋曾说："写一部中国建筑史，离开了古典文学，几乎无从着笔……中国古典文学中饱含建筑信息，所以尽管中国建筑实物由于主体为木构而存留不多，但从文学描写中人们仍可了解并欣赏建筑。"（张良皋《曹雪芹佚诗辨》附录）有关建筑与文学的话题，笔者将在另一本酝酿已久、目前正在撰写的《文学中的古代建筑》中细说。

一般认为，成语的语言形式应以四字为宗，但也并不尽然，二字、三字、五字、六字、七字，甚至十字的成语也有，如写入本书的"石敢当"、"七十二疑冢"，其实也都是成语，只是人们多把四字以外的那些词语，习惯地称为惯用语、俗语或谚语。

笔者以成语为切入点来解读中国古代建筑，不过是一种尝试，为的是拉近汉字与建筑的关系，一则可普及建筑文化，同时也能普及汉字文化，仅此而已。

陈鹤岁 2015 年初春补记于珠海御景山花园

一草一木

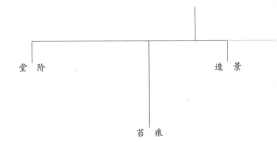

堂 阶

苔 痕

造 景

　　"一草一木"，语出《后汉书·应劭传》："春一草枯则为灾，秋一木华亦为异。"唐李商隐有《永乐县所居一草一木无非自栽今春悉已芳茂因书即事一章》诗。后因以"一草一木"喻微细之物。明冯梦龙《东周列国志》第三十九回："环北门一带，传令'不许惊动，如有犯僖氏一草一木者斩首！'"

　　"草"为草本地被的总称，是自然界植被的主要植物。有一年生、二年生和多年生的区别。它茎柔而叶茂，即较少木质化细胞的茎干，有比较发达的叶子，是该类植物的主要特征。"春到人间草木知"，一年伊始，萌芽最早，所以，草字从早，这是它的次要特征。

　　草是值得赞美的，它代表着大地的生机和繁荣。陶渊明云："中无杂树，芳草鲜美。"（《桃花源记》）谢灵运云："池塘生春草，园柳变鸣禽。"（《登池上楼诗》）刘禹锡云："苔痕上阶绿，草色入帘青。"（《陋室铭》）杜甫诗曰："楚草经寒碧，庭春入眼浓。"（《庭草》）"天青风卷幔，草碧水通池。"（《伤春》）李白诗曰："燕草如碧丝，秦桑低绿枝。"（《春思》）刘禹锡诗曰："野草芳菲红锦地，游丝撩乱碧罗天。"（《春日书怀》）王安石诗曰："草长流翠碧，花远没黄鹂。"（《东皋》）王之道词曰："水外山光淡欲无，堤边草色翠如铺。"（《浣溪沙》）林景熙诗曰："不入群芳谱，生机屑化工。"（《草花》）杨基诗曰："嫩碧柔香远更浓，春来无处不茸茸。"（《春草》）在诗人的笔下，不显眼的离离芳草自有它的自然之美：柔嫩鲜美、融融春晖、清香沁人。草与美同在。

　　草也有它的精神品格之美。"野火烧不尽，春风吹又生。"（白居易《赋得古原草送别》）"林花扫更落，径草踏还生。"（孟浩然《春中喜王九相寻》）"黄沙西际海，白草北连天。"（岑参《过酒泉忆杜陵别业》）"白露洒叶珠离离，十月霜风吹不到。"（王冕《劲草行》）看起来很是弱小的草，但莽莽原野，敢把苍天度涵量者，舍草其谁！它的顽强精神极富哲理意味。

　　园林作为"一种第二自然"，草所担当的造景功能以及它所承载的文化意义则比较特殊。曹林娣在《中国园林文化》一书中写道："中国游牧出身的统治者如元朝忽必烈曾在宫殿内院种草，清承德避暑山庄种草 500 亩。但传统的中国园林由于植根于农耕文化，所以园林中的草，一般都种植在台地、坡地和阶前的路旁，较少刈剪成大片平整的草坪。"正因为如此，所以草在传统园林中并不占据显著位置，也没有像西方园林和现代公园那样的大片草坪。草在园林构建中所用的品种也不是很多，常见的如细叶苔草、书带草、萱草、鸭跖草、虎耳草等。

传统园林中备受造园家所青睐，也最具中国文化意蕴的草类植物莫过于苔草、萱草和书带草。当代著名园林艺术家陈从周先生的著作中，有三本散文集的书名都与这几种草有关。作者说："书名定为《书带集》，因为书带草是江南园林中最常见的长绿草，算不了什么，但又少不了它。"（《书带集》后记）作者又说："唐代刘禹锡《陋室铭》中的那几句'苔痕上阶绿，草色入帘青'，形容得太妥帖了。以往我出过两本散文集，取名为《书带集》与《春苔集》……'帘青'二字作为我近三年来所写散文的集名，凑成三部曲了。书带草、春苔，是我们常见之物，而通过一层帘去欣赏它，便更觉得起了造园中'隔'的妙处。"（《帘青集》后记）

大面积以草造景，在古典园林中比较罕见，承德避暑山庄当是一个特例。清代避暑山庄有多处天然草地，其中最著名的是清帝乾隆御题三十六景之一的"万树园"。这一景区，占地近千亩，极少土木之功，呈一片原始自然状态，一大片青碧如茵的天然草地显一派山野情趣。清《钦定热河志》对这里的描述是："山庄土美草丰，连冈遍野……铺地不过寸余，诚绿毯也。"乾隆帝对这处以草姿、草色营造的景区景色钟爱有加，为之赋诗八首，刻碑志记，名曰："绿毯八韵碑"。"八韵"之一曰："绿毡试云何处最，最唯避暑此山庄。却非西旅织裘物，本是北人牧马场。雨足翠茵铺满地，夏中碧阑被连冈。"清著名学者纪昀曾四次游览避暑山庄，其中给他留下最深记忆的就是万树园的"规矩草"。他在《阅微草堂笔记·滦阳续录》中有如是描述："细草沿坡带谷，皆茸茸如绿阑。高不过数寸，

整齐如裁剪，无一茎参差长短者，苑丁谓之'规矩草'。出宫墙数步，即鬖髿滋蔓矣。"罽即用毛做成的毡子。所谓"规矩草"，就是现代植物学中称之为"寸草"的莎草科苔草属的细叶苔草，形态特征为多年生草本，具细长根状茎，是一种旱生根植物，常生于干燥山坡或干燥旷野。学者李允鉌先生在《华夏意匠》中谓："宋叶绍翁的《游园不值》诗中有'应怜屐齿印苍苔，小扣柴扉久不开'句，'苍苔'即草坪之谓。草坪古称'规矩草'。"这一说法其实是不确的。"苍苔"，指的是"苔藓"或"青苔"，简称"苔"，属隐花植物类，根、茎、叶无明显区别，有青、绿、紫等色，多生于阴湿地方，延贴地面，故而也叫"地衣"或"水衣"，有植物界"小人国"的誉称。苔的意象也多出现在古代诗词中，如："绿阶已漠漠，泛水复绵绵；微根如欲断，轻丝似更连。"（南朝梁沈约《咏青苔》）"苔痕作意生秋壁，树影无端上古帘。"（宋林逋《杂兴》）"静看苍苔纹，莫上人衣来。"（宋王安石《春晴》）"风庭红叶干，雨砌苍苔湿。"（宋唐庚《忆昔行》）"水生溪榜夕,苔卧野衣春。"(宋谢翱《拜玄英先生画像》)"林高风有志,苔滑水无声。"(金元好问《山居杂诗》)"苔花如米小,也学牡丹开。"(清袁枚《苔》)"偶尔逢时雨,延生过井栏;托根多在石,为性不知寒。"(清方朝《苔》)这些歌咏中的"苔痕"与避暑山庄被称之为"规矩草"的细叶苔草是不能等同的。

萱草,又有忘忧、疗愁、鹿葱、宜男等多种别名,为百合科多年生宿根草本植物。须根肥大,长纺锤形。叶丛生,狭长,背面有棱脊。农历五月抽出花茎,花茎顶端生花 6～12 朵。夏秋间开花,花漏斗状,橘红或橘黄色,无香气,朝开暮蔫,至秋深乃尽。其花采下晒干后称黄花菜。古人以为此草可以使人忘忧。《诗经·卫风》有《伯兮》一篇,写一个女子对其出征丈夫的思念。诗中有两句是:"焉得谖草,言树之背。"谖同"萱",背同"北",指北堂或后庭。诗意是说,我能得到一枝萱草就好了,可以种在母亲住的北堂,让母亲乐而解忧。《毛传》解释说:"谖草令人忘忧。"朱熹注:"谖草合欢,食之令人忘忧者。"嵇康《养生论》:"合欢蠲忿,萱草忘忧,愚智所共知也。"唐陆龟蒙《庭前》诗:"合欢能解恚,萱草信忘忧。"写《本草纲目》的李时珍在解释《伯兮》时说:"谓忧思不能自遣,故欲树此草,玩味以忘忧也,吴人谓之疗愁。"萱草在古时喜栽于北堂阶下,后因以"萱堂"指母亲的居处,亦为母亲的代称,故萱草又有"母亲花"

的美誉。唐聂夷中《游子吟》诗："萱草生堂阶，游子行天涯；慈亲倚堂门，不见萱草花。"温庭筠《菩萨蛮》："闲梦忆金堂，满庭萱草长。"《本草纲目》引周处《风土记》："怀妊妇女配其花则生男"，因而又有"宜男"之称。萱草在园林中多配置于近水路旁、岩石之间和石阶基角，正如文震亨所云："岩间墙角最宜此种。"（《长物志》）例见苏州拙政园散置湖石配置的萱草。

书带草，亦称麦冬、沿阶草、绣墩草、龙须草。为百合科多年生常绿草本，根茎短粗，形如纺锤，与萱草相似。叶丛生，线形。夏季开淡蓝紫色花，花茎较叶丛短。书带之谓，据《后汉书·郡国志》注引《三齐纪》："郑玄教授不其山，山下生草大如薤，叶长一尺余，坚韧异常，土人名曰康成书带。"又因多植于庭院石阶两旁，故有"沿阶草"的别称。书带草是园林中一种极具书香雅韵的植物品类。它也和历代文人结缘而叠见歌咏。南朝张正见《秋晚还彭泽》："路积康成带，门疏仲蔚蒿。"南朝江总《在陈旦解酲》："阶荒郑公草，户阒董生帷。"唐李白咏："书带留青草，琴堂蒙素尘。"唐李群玉《经费拾遗所居》："空余书带草，日日上阶长。"宋苏轼咏："庭下已生书带草，使君疑是郑康成。"（《和文与可洋川园池三十首·书轩》）清王士祯《陆放翁心太平砚歌为毕通州赋》："毕侯家近鲎堂侧，草生书带纷葳蕤。"清唐孙华《与伯兄同访双凤旧居》："共裁带草编冬课，并衣芦花度岁寒。"陈从周说："书带草不论在山石边，树木根旁，以及阶前路旁，均给人以四季常青的好感，冬季初雪匀披，粉白若球。它与石隙中的秋海棠，都是园林绿化中不可缺少的小点缀。至于以书带草增假山生趣，或掩饰假山堆栈的疵病处，真有山水画中点苔的妙处。"（《扬州园林与住宅》）例见苏州网师园五峰书屋自然踏步配置的书带草。

七十二疑冢

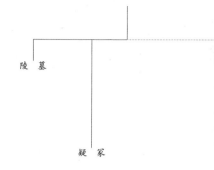

陵墓

疑冢

　　"疑冢"即假坟，通常指的是"曹操疑冢七十二"。古代文献中最早写到曹操疑冢的是北宋政治家、文学家王安石，他在路经古相州时曾写有一首《疑冢》诗："青山如浪入漳州，铜雀台西八九丘。蝼蚁往还空垄亩，麒麟埋没几春秋。"有人释诗中的"八九丘"即"七十二疑冢"。南宋诗人范成大也写有一首《七十二冢》诗："一棺何用冢如林，谁复如公负此心。闻说北人为封土，世间随事有知音。"南宋文人罗大经《鹤林玉露》亦云："漳河上有七十二冢，相传云曹操冢也。"元人陶宗仪《辍耕录·疑冢》亦云："曹操疑冢七十二，在漳河上。宋俞应符有诗题之曰：'生前欺天绝汉统，死后欺人设疑冢。人生用智死即休，何有余机到丘垄。人言疑冢我不疑，我有一法君未知。直须尽发疑七二，必有一冢藏君尸。'此亦诗之斧钺也。"到了明清两代，曹操疑冢之说更被小说家演绎得绘声绘影，其中，影响最大的当是罗贯中在《三国演义》中的描绘："遗命于彰德府讲武城外，设立疑冢七十二，勿令后人知吾葬处，恐为人所发掘故也。"

　　2009 年 12 月 27 日，河南省文物局通过官方新闻发布会宣布："漳河南岸，安阳西高穴村，发现曹操墓！"至此，长达千年之久的曹操"疑冢"之争顿时化为尘烟。其实，由于各种各样的缘由，历史上真假难辨的名人墓地又何尝曹操一人。诗人屈原"十二疑冢"之争至今也是一个难解之谜。唐《元和郡县志》记："左徒屈平墓在县（指原湘阴县）北七十里。"明《一统志》亦记："屈原墓在汨罗山上。"汨罗山在今汨罗市北郊，令人惊奇的是：山上竟然有大小几乎相等的12 座屈原墓，远望如小阜的封土疑冢分布在方圆不到两公里范围之内，一墓冢前有清同治六年立的石碑，上刻"故楚三闾大夫之墓"；另一墓冢前有清光绪二十八年立的石碑，上题"楚三闾大夫之墓"。究竟哪个是真墓？至今无法辨别。唐代诗圣杜甫的墓茔同样是千百年来聚讼纷纭的疑案。全国现有杜甫墓 8 座，分别位于湖南丰阳和平江、河南偃师与巩县、陕西华阴及鄜县（今作富县）、湖北襄阳、四川成都。大多学者认为，今湖南平江大桥乡小田村是杜甫最为可靠的归宿之地。据诗人元稹为杜甫所写《唐检校工部员外郎杜君墓系铭》及清人李元度所写《杜墓考》：唐大历五年春，杜甫避藏玠乱而入衡州，游南岳后，秋，扁舟下荆州，竟以寓卒，年五十九，旅殡

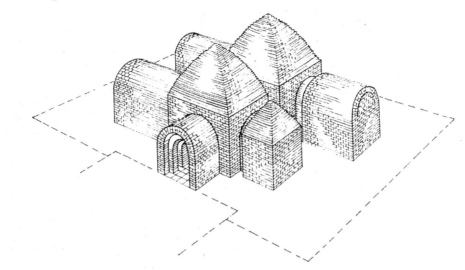

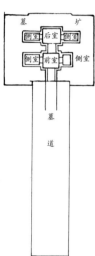

岳阳。墓碑上题"唐左拾遗工部员外郎杜文贞公墓"。元稹所云"岳阳"非今之岳阳，而是指唐代辖今平江在内的"岳州"。宋人徐屯田有《过杜工部坟》诗吟诵道："水与汨罗接，天心深有存。远移工部死，来伴大夫魂。流落同千古，风骚共一源。江山不受吊，寒日下西原。"唐代著名苦吟诗人贾岛作古后，四川安岳和蓬溪、北京房山、安徽当涂四地皆有贾岛墓。贾岛终老四川安岳，他的生前好友苏绛撰《贾司仓墓志铭》记："贾岛于会昌癸亥岁七月二十八日终于郡官舍，春秋六十有四，葬于普南安泉山。"安岳古称普州，安泉山位在普州城南。唐李洞写有《贾岛墓》诗："一第人皆得，先生岂不消? 位卑终蜀土，诗绝占唐朝。旅葬新坟小，魂归故国遥。我来因奠洒，立石用为标。"贾岛生前授遂州长江县（今遂宁蓬溪）主簿，《方舆胜览》记："贾岛谪为长江簿，有墓在焉。"《四川通志》亦记："唐贾岛谪长江簿，有明月山，后人建寺其上，或传岛殁葬于此。"唐郑谷写有《长江县经贾岛墓》诗："水绕荒坟县路斜，耕人讶我久咨嗟。重来兼恐无寻处，日落风吹鼓子花。"北京房山是贾岛的故里，现遗存有明、清墓碑三块，明碑为弘治间房山知县曹俊所立，碑额题"唐贾岛墓"，碑文为明代大学士李东阳所书七律一首："百里桑乾绕帝京，浪仙曾此寄浮生。葬来诗骨青山瘦，望尽荒原百草坪。无地椒盘供庙祀，有人骢马问村民。穿碑四尺标题在，词赋风流万古情。"贾岛生前曾游历安徽当涂，且写有《牛渚》诗，好事者便伪托他与诗人李白同葬于此，今有"唐诗人贾岛墓"碑刻藏于青山李白墓园，清人吴省钦《瘦诗亭记》："当涂青山之北，有李白墓，南即贾岛墓。"郑谷亦有《吊贾员外》诗吟道："入韵与五字，俱为时所传。幽魂应用慰，李白墓相连。"三国东吴名将周瑜六墓和爱妻小乔三墓的"疑冢"悬案更加有趣。周瑜为安徽"庐江舒人"，赤壁鏖战后病故。千百年来，安徽巢县、舒城、庐江、宿松以及江西新涂和湖南岳阳，都声称有周瑜墓。周瑜曾经当过居巢长，《巢县志》不仅为他立传，并引前人"青山故绕周瑜墓"之句以证明其墓在巢县；《舒城县志》也有"墓在县西七十里净梵寺"的记载；《庐江县志》则云："周瑜墓在东门外二里许"；《宿松县志》又说："周瑜墓在县南三十里"。又因周瑜卒于巴丘，今之江西新涂和湖南岳阳在三国时都称巴丘，于是就有周瑜墓的巴丘之说。小乔，乔公次女，貌若天仙，与周瑜情深恩爱，共同东战西征达12年。小乔何时辞世，何地安葬，历来说法不一，因而相继出现了三座小乔墓。一座在湖南岳阳，明《岳阳府志》记，小乔"葬岳州今广丰仓内。"据说这里曾是周瑜的都督府，现尚存一块"小乔墓庐"的石碑。一座在安徽庐江县城西，与城东之周瑜墓遥遥相对《庐江县志》云："小乔墓在西门外真武观西百步，墓墩俗称瑜婆墩。"前人有诗云："凄凄两冢依城廓，一是周郎一小乔。"另一座在安徽南陵县城，至今保存尚好，墓碑刻"东吴大都督周公德配乔夫人之墓"，两侧刻联语："千年来本贵贱同归，玉容花貌，飘零几处？昭君冢、杨妃茔、真娘墓、苏小坟，更遗此江左名姝，并向天涯留胜迹；三国时何夫妻异葬，纸钱酒杯，浇典谁人？笋箬露、芭蕉雨、菡萏风、梧桐月，只借它寺前野景，常为地主作清供。"

三宫六院

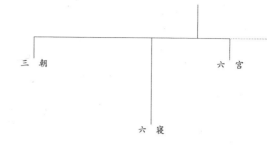

- 三 朝
- 六 寝
- 六 宫

俗语"三宫六院",是旧时对皇帝嫔妃居所的一种民间称谓。这一俗语可以被视作一条"准成语",用以借指古代帝王妻妾成群的荒淫生活。这一说辞多出现在传统戏剧和旧小说中,在民间的口头语中也广为流传。元无名氏《抱妆盒》楔子:"兀那三宫六院,妃嫔彩女听者:明日圣驾亲到御园,打一金弹,金弹落处,有拾得者,奏献御前,圣驾即幸其宫。"《西游记》第九十四回:"又传旨教内宫官排宴,着三宫六院后妃与公主上头,就为添妆馔子,以待十二日佳配。"北京弹词《英烈春秋》:"天子封我掌国邦,三宫六院皆钦伏。"

所谓"三宫",最初指的是诸侯夫人的居所,而天子、后妃的居所则称之为"六宫"。《礼记》言:"王后六宫,诸侯夫人三宫也;故知三宫是三夫人宫也。"《周礼》言:"王后帅六宫之人。"秦始皇一统各地诸侯,原来的"诸侯夫人三宫",就逐渐成为皇帝、太后、皇后的合称,或以太皇太后、皇太后、皇后并称三宫。"六院"即"六苑",本为后宫嫔妃的生活处所,所以历朝皆以"六宫"或"六院"泛指后宫嫔妃。白居易诗中有"六宫粉黛无颜色"之句,李贺诗中亦有"六宫不语一生困"的句子。

为了进一步厘清所谓"三宫六院"的来由,先得了解古代的皇宫制度。在最早记录皇宫布置和皇室组织结构的典籍《周礼》中,就已经有了所谓"三朝"、"六寝"、"六宫"的规制。"三朝",指的是皇帝处理政务的外朝、中朝、内朝,亦称大朝、日朝、常朝。"六寝"、"六宫",指的是皇帝和后妃生活起居的地方。其建筑格局为"朝"前"寝"后的纵列式分立布局,即"三朝"之后是"六寝",六寝之后是"六宫"。汉代郑玄作《三礼图》,对"六寝六宫"详加注释:"六寝者,路寝一,小寝五。玉藻曰:朝辨色始入,君日出而视朝,退适路寝听政,使人视大夫,大夫退,然后适小寝释服,视路寝以治事,小寝依时燕息焉。"寝者,高级住宅之谓,六寝即皇帝居所。至于"六宫",郑玄谓:"六宫,谓后也,妇人称寝曰宫。宫,隐蔽之言。后象王,立六宫而居之,亦正寝一,燕寝五。"六宫即指前一宫后五宫,后五宫指后一宫、三夫人一宫、九嫔一宫、二十七世妇一宫、八十一御妻一宫。

三朝、六寝、六宫序列，是周代皇宫布置的标准设计。这一标准虽然也曾作为后世皇宫建设的重要参考，但并未形成定制。秦代以后的宫廷布局也从未出现过所谓的"六寝六宫"之制。直到宋朝宫殿建制创立"前三朝，后三寝"之后，周制才被奉为正规的宫殿制度，并被明、清北京紫禁城所效仿。明、清以前的皇宫看不见了，而今在北京故宫却大致可以看到现实中的"三宫六院"。

明、清北京紫禁城（故宫）以乾清门为界分为外朝和内廷，门外三大殿（太和殿、中和殿、保和殿）是外朝，即"前三朝"；门内三宫（乾清宫、交泰殿和坤宁宫）是内廷，即"后三寝"，也就是皇帝和后妃生活居住的"后三宫"，或民间所说的"三宫"。其中，乾清宫是皇帝的寝宫，从明永乐帝到清康熙帝的16位皇帝都住在这里。同时，这里也是皇帝处理政务、举行内廷典礼和家宴的地方。清顺治帝亲笔题写的"正大光明"匾额后，匿藏的便是秘密预定皇位继承人的所谓"建储匣"。此外，这里还是皇帝驾崩之后的停灵之所，以示"寿终正寝"。交泰殿在明代为皇后居所之一，清代为皇后生辰和重大节日接受朝贺之所，也是存放历代帝王玉玺（共25枚）的地方。坤宁宫为明清两代皇后的正宫，清代自雍正朝始便不再是皇后寝宫，而改造成为祭祀满族传统神教的场所。

在"后三宫"的中路东西两侧，有门通往东、西六宫，也就是民间所说的"六院"。东六宫初名咸阳宫、永宁宫、长安宫、永安宫、长阳宫、长寿宫。明嘉靖时改名为钟粹宫、承乾宫、景仁宫、景阳宫、永和宫、延禧宫。西六宫初名寿昌宫、万安宫、长乐宫、寿安宫、长春宫、未央宫。明嘉靖时更名为储秀宫、翊坤宫、永寿宫、咸福宫、长春宫、启祥宫。象征十二星宿的东西六宫，和寓意天地乾坤的后三宫，共同构成众星捧月之势，这就是民间俗称的"三宫六院"。

如此看来，"三宫六院"之说虽不是实指，但也并非臆造，它是由古代宫廷布局中的"六寝六宫"、"前三朝、后三寝"衍化而来的一个象征性的数字，其象征意义远远超过它的实际意义。

　　三宫六院是皇帝、太后、皇后、嫔妃的起居生活天地，也是天下最为隐秘的地方，世代流传的大量宫廷"秘史"都诞生在这里。现今荧屏反复演绎的宫廷电视剧，也在不断诉说着发生在"东西六宫"那些令人心酸的种种往事。自古皇宫深似海，宫闱秘事少人知。在高高宫墙的围拢之下，掩藏着数不清的罪恶和肮脏。坐拥三宫六院的历代帝王，搜罗天下美女，恣情淫乐后宫，享尽人间艳福。明末清初的启蒙思想家黄宗羲曾一针见血地指出：封建皇帝"敲剥天下之骨髓，离散天下之子女，以奉我一人之淫乐"。结果自然是民间多怨夫，宫中多怨女。有道是"宫门一入深似海"，无论嫔妃或宫女，一旦被带进宫廷内院，一个个芳华少女便成为宫苑的陈设和帝王的玩偶，留给后人的则是一桩桩宫闱悲歌。

千门万户

门

户

"千门万户"，见《史记·孝武本纪》："作建章宫，度为千门万户。"唐刘禹锡《冬夜宴河中李相公中堂命筝歌送酒》："千门万户垂杨里，百啭如簧烟景晴。"宋王安石《元旦》："千门万户瞳瞳日，总把新桃换旧符。"清卢道悦（一说叶燮）《迎春》："不须迎向东郊去，春在千门万户中。"亦作"万户千门"。唐王维《听百舌鸟》："万户千门应觉晓，建章何必听鸣鸡。"金王丹桂《春从天上来·冬至日》："亚岁方迎，万户千门。欢笑共庆良辰。"

⊙ 承德避暑山庄
丽正门
⊙ 北京恭王府天
香庭院垂花门

　　在中国古代建筑中，"门"与"户"的意思差别不大，单扇为户，两扇相并即是门。中国建筑中的"门"是篇大文章，说不尽又道不完。这里专说中国园林建筑中的门。

　　园林门的设置，往往和园林的性质、园主的地位密切相关。皇家园林的园门大都威严华丽，以显示皇权的赫赫威势。承德避暑山庄共有园门九座，大门叫丽正门，是一座城楼式的大门，南向，三楹重台，上建城楼五间，覆以歇山卷棚顶。门中额有乾隆御题"丽正门"石刻碑，内侧门楣有乾隆御题石刻诗匾："岩城埤堄固金汤，敶荡门开向午阳。两字新题标丽正，车书恒此汇遐方。"内大门叫阅射门，也称午门，是一座呈屋宇形态的屋宇门，面阔五间，康熙题写的"避暑山庄"匾悬挂于此，所以又被称作避暑山庄门。北京颐和园的正门叫东宫门，其门式采用的是面阔五间、歇山灰瓦卷棚顶，正中有三间门洞，中间为"御路"，专供皇帝出入，门上饰以彩绘，富丽而又隆重，显示出皇家园林的至尊。小说《红楼梦》中所描写的大观园园门也同样具有皇家气派："贾政先秉正看门。只见正门五间，上面桶瓦泥鳅脊，那门栏窗槅，皆是细雕新鲜花样，并无朱粉涂饰；一色水磨群墙，下面白石台矶，凿成西番草花样。左右一望，皆雪白粉墙，下面虎皮石，随势砌去。"（《红楼梦》第十七回）书中提到的所谓"正门五间"、"桶瓦泥鳅脊"（即桶瓦硬山卷棚式）和"白石（即汉白玉）台矶"均为当时"官式"建筑所专用。与皇家园林形成鲜明对比的私家宅园，多数为文人花园，其园主又多为致仕而归的官僚、弃文经商的儒贾以及一些寄情山水的隐士文人，他们造园

● 刘苏瑛版画:
苏州园门
● 北京四合院垂
花门

旨在"回归自然",意在"逍遥自得",因而在园门的设置上往往求其平易简朴,如苏州留园、拙政园之园门仅为一普通人家的石库门,网师园之园门为两扇对开黑漆大门,门槛很高,亦可拆卸,门两侧的门枕石上端饰有狮子滚绣球浮雕,颇显仕宦门第的高贵,代表了园主的身份和地位。耦园东花园之园门,与苏州许多小巷的旧式宅门无异,宽敞的大门对河而开,栗色门扇用竹片拼制而成,别具情趣。无锡寄畅园东大门为一仿明的砖刻门楼,门楣刻有"寄畅园"匾额,极具装饰效果。由我国著名古典园林专家陈从周主持建造的云南昆明楠园,是一座严格按照古典造园法则营构的古典园林,其园门开在园墙西南,以小亭倚墙成半亭状,檐下悬有陈从周手书"楠园"匾额,造型显得随意而又雅朴。

园林除了设置大园门(或称正门)外,还在园中的庭院或园中园设置数量不等的内园门。内园门的建筑门制,在式样、风格方面显得异常丰富多变。具有独立庭院的园中园内园门,因园林性质不同而各有特色。一般而言,北方园林的内园门多采用造型较为华丽的垂花门,上题匾额。例见颐和园中的宜芸馆、益寿堂、清华轩、介首堂等处的内园门;而江南园林内的独立园门,则多取民宅中常见的砖雕门楼,也同样具有很强的装饰效果。如位于苏州网师园主厅万卷堂前的砖雕门楼,有"江南第一门楼"的美誉。它造型轻巧,雕刻精致,挺拔俊秀,饱经300余年依然古雅清新,富有灵气。

园门与园门内的景观,在组景上有互为因借、相互呼应之功效。园门之构,有如旧时作文的"破题",接下来如何"承题",就得看造园家的匠心了。江南私家宅园多封闭在高墙之内,除简朴的园门外,并无其他可观景物,但入得园门便会豁然开朗,渐入佳境,此谓欲扬先抑,先藏后露,把景物的魅力蕴含在强烈的对比变换之中。如果将园墙、园门拆去,则面貌顿异,一无可取。但遇到别样情形就须另择他法。苏州沧浪亭是个面水园林,非属封闭式,平淡无奇的随墙园门临清池而筑,门前设桥,游者渡曲桥入门。园门与园墙漏窗如一幅幅画框,园内一丘一壑显现其中。园内园外,相互借景,

妙在"未入园门，先得园景"。无论采用何种手法，目的都是为了"探幽"和"寻景"。

园林中最具审美价值的是园墙上的洞门，只有门框而不装门扇，重重相对相通，即《园冶》中所指的"门空"，也叫地穴或什锦门。洞门看似简单随意，但却变化万千，通常是开在园中园庭的墙垣以及廊、亭、榭、馆等建筑物的墙上，有的素白无边，有的周边加砌清水磨砖边框，并饰以云纹、回纹线脚，在白色粉墙的衬托下，门洞变得更加精致。洞门的作用，不仅能沟通两个境地，以引导游览，更为重要的则是借洞门为取景的画框，以透视不断变化的多姿景物。洞门与园林中的洞窗一样，都有独特的审美功能。《园冶》中说："门窗磨空，制式时裁，不惟屋宇翻新，斯谓林园遵雅。"清沈复在《浮生六记》中也说："开门于不通之院，映以竹石，如有实无也。"也就是说，通过洞门的"无"来观赏景观的"实"，无疑使建筑的有限空间与自然的无限空间得以相互流动，从而造出令人意想不到的美妙境界。

洞门的式样很多，《园冶》一书专列门空图式17款，如方门合角式、圈门式、莲瓣式、如意式、贝页式等。不同造型种类的洞门，因不同的环境特点和造景需要而多有变化，极少雷同。现存古典园林中常见的式样大体可归纳为三类：一是几何型，具有朴实无华的

风格，其基本形式分为长方形、圆形和变形。苏州网师园的"真意"直长式洞门、留园"清风池馆"的横长式洞门即为长方形洞门的佳例。形如满月形的圆洞门最为多见，亦称月亮门或月洞门，例见北京颐和园"长廊"起点的邀月门、北海"画舫斋"和恭王府花园"吟香醉月"的月亮门，苏州艺圃"浴鸥"的月洞门，扬州瘦西湖"钓鱼台"四壁和苏州退思园的月洞门等。"茶壶式"和"鹤子式"是最为常见的变形式洞门，二式分别由长方形和圆形洞门变异而成，苏州留园和网师园皆有"茶壶式"洞门佳例，北京恭王府花园则可见到"鹤子式"洞门实例。二是物象型，略带抽象性质。常见的有海棠式、莲瓣式、葫芦式、如意式和汉瓶式，如嘉定秋霞圃有"海棠式"洞门，上海豫园有"莲瓣式"洞门，南翔古漪园和苏州沧浪亭有"葫芦式"洞门，扬州寄啸山庄、南翔古漪园有"如意式"洞门，苏州沧浪亭、南浔适园、扬州小盘谷有"汉瓶式"洞门等。三是象征型，是一种具有意蕴美的洞门。最为典型的象征型洞门是"天圆地方式"和"贝叶式"洞门，前者如上海豫园和嘉定秋霞圃的"天圆地方"洞门，后者如上海豫园和苏州畅园、沧浪亭、狮子林的"贝叶式"洞门等。这些繁复多样的洞门，就个体形象和艺术风格而言，北方"官"园中的洞门显得庄重古朴，而江南私园中的洞门则更显轻巧玲珑、幽雅秀丽。

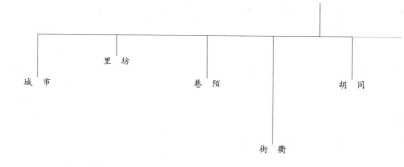

大街小巷

城市　　里坊　　巷陌　　街衢　　胡同

"大街小巷"：城镇中宽敞的街道和狭窄的小巷，亦泛指城市的各处地方。明施耐庵《水浒全传》第六十六回："正月十五日，上元佳节，好生晴朗。黄昏月上，六街三市，各处坊隅巷陌，点花放灯，大街小巷，都有社火。"清刘鹗《老残游记》第十九回："吃了早饭，摇个串铃上街去了，大街小巷乱走一气。"

　　古代营建城市，非常注意街道的建置。《周礼·考工记》记春秋战国时期的王城街道建置："匠人营国，方九里，旁三门。国中九经、九纬，经涂九轨。"匠人规划和营建都城，九里见方，每边有三个城门，城内纵横各有九条街道，每条街道的宽度为九个车轨。秦汉以后城市扩大，街道不只限于九条。《三辅黄图》记汉长安城："长安城中，经纬各长三十二里十八步，地九百七十三顷，八街九陌。"经纬：指城内南北和东西方向的主干道。八街九陌：八街指纵街，即通向八个城门的主干街道，九陌指横街，即次要街道。清徐松《唐两京城坊考》记唐长安城内的街道："郭中南北十四街，东西十一街。"其中，通向东西、南北城门的主干大街各有三条，通常称之为"六街"。清朱彝尊《日下旧闻考》记元大都的街制："大都街制：自南以至于北谓之经，自东至西谓之纬。大街二十四步阔，小街十二步阔。"唐诗中以街景为抒写对象的诗作不少。骆宾王《帝京篇》："三条九陌丽城隈，万户千门平旦开。"孟郊《长安道》："长安十二衢。"杜牧《长安杂题长句》："六飞南幸芙蓉苑，十里飘香入夹城。"韦应物《长安道》："汉家宫殿含云烟，两宫十里相连延。"卢照邻《长安古意》："长安大道连狭斜，青牛白马七香车。玉辇纵横过主第，金鞭络绎向侯家。"

　　中国古代城市曾长期实行所谓"里坊制"管理，而连接贯通一个个"里坊"的道路则被称为街巷：坊间道路称"街"，坊内道路则称"巷"。《中国大百科全书·建筑园林城市规划》："汉代称城市干道为街，居住区内道路为巷。街字本指四通的道路。战国以后的里坊制城市，坊间道路称街，坊内道路称巷。街中又以通城门的为主干道，如汉长安城的'八街'、唐长安城的'六街'。"里坊制城市的一个显著特点是街景十分单调，因为临街只准布设衙署和少量寺观府第。随着城市经济的发展，自宋代起，一直延续了近 15 个世纪的城市里坊制度开始由街巷制所取代，并在全城的道路布局上采用"大街小巷"的规划手法，令城市街区道路格局大变，旧有的里（坊）巷逐渐被方格网状的"大街小巷"所代替。张驭寰《中国城池史》中写道："在城池规划中产生的'大街小巷'布局，这是从北宋东京城开始萌芽，到元代大都城的规划更加明确了。到明清时的北京城尤其明显，深入人心。"街巷制城市与里坊制城市中的干道（街）虽然都呈方格网状，但不同的是拆除了原有的所有坊墙，取而代之的是街市的兴起，临街可以设店、建宅，十字路口建钟鼓楼，跨街建牌坊，逐渐走向繁华的城市新街景随之出现。方格网大街加东西小巷，是宋代以后城市街道布局的主要方式，但我国历史悠久，地域广阔，古代城池类型繁多，除方形规整的城市之外，由于自然地理的差异，也有各种并不整齐的城池和极不规整的奇异形街道。不同类型的城市街道，构成风格各异的独特景观，列其要者如下。

古代城市的取形基本上是以方形为主，由此而形成的街道格局大体都呈方整平直的棋盘形，南北大街，东西小巷，大者为街，小者为巷，直为街，曲为巷。白居易《登观音台望城》诗形容说："百千家似围棋局，十二街如种菜畦。"诗人登高俯视唐长安城内"百千家似围棋局"的街景，犹如"菜畦"般规整而有序。在纵横交叉的大街小巷中，最为壮观的通衢大道是"天街"，亦称"御街"。《后汉书·虞延传》："帝乃临御道之馆亲录囚徒。"它专供皇帝御驾出入，是都城中彰显尊严气派的礼仪性大街，通常位于一座城池的中轴线上，从南向北直达皇宫，而从北向南则通向"天门"，有王者"通天"之喻。以唐长安城和北宋汴梁城为例：唐长安城的天街是从南边的朱雀门直达皇城，称朱雀大街，宽达一百五十米。北宋东京（汴梁）城的"御街"是从正南门（南薰门）经朱雀门直达皇宫的宣德门，长十余里，宽约四十米，宋孟元老《东京梦华录》记汴梁城"御街"景象："中心御道，不得人马行往，行人皆在廊下黑漆杈子（即塗以黑漆之拒马)之外。杈子里有砖石甃砌御沟水两道,宣和间尽植莲荷,近岸植桃李梨杏,杂花相间,春夏之间,望之如绣。"唐诗宋词中对构筑"天街"的意念也多有反映:韩愈《早春呈水部张十八员外》:"天街小雨润如酥,草色遥看近却无。"裴夷直《和周侍御洛城雪》:"天街飞辔踏琼英,只惜一日了无痕。"罗邺《流水》:"天街带雨淹芳草,玉洞漂花下白云。"唐郑嵎《津阳门诗》:"御街一夕无禁鼓,玉辂顺动西南驰。"刘禹锡《送僧方及南谒柳员外》:"御街草泛滟,台柏烟含凝。"杜甫《伤春》:"烟尘昏御道,老旧把无衣。"白居易《过天门街》:"千车万马九衢上,回首看山无一人。"鲍溶《隋宫》:"御街多行客,行客悲春风。"宋吴文英《江神子》:"天街如水翠尘空。建章宫。月明中。"刘辰翁《望江南》:"梧桐子,人在御街游。"姜夔《观灯口号》:"御街暗里无灯火,处处但闻楼上歌。"

古代城池中以"长街"命名的道路很多。"长街"之谓,有的可能是街道长度的约指,但更多的则是对唐长安城平直街衢的钦羡。宋刘辰翁《水调歌头》:"长街灯火三两,到此眼方明。"著名的长街例证有:唐代第二大都市扬州的十里长街,《唐阙史》记:"扬州胜地也……九里三十步街中,珠翠填咽,邈若仙境。"中唐诗人张祜客居淮南(扬州)时写下的《纵游淮南》诗吟道:"十里长街市井连,明月桥上看神仙。"诗中的"十里"即指"九里三十步街"。杜牧《赠别二首》其一:"春风十里扬州路,卷上珠帘总不如。"又有横亘北京天安门(明时称承天门)金水桥前东西平行走向的长安街,初建于明永乐十八年,是明兴建北京城总体规划的重要组成部分,当年从长安左门至东单牌楼一段叫东长安街,从长安右门至西单牌楼一段叫西长安街,总长仅 3.7 公里,被誉为"十里长街",这条长街在新中国成立后,经大规模改建已经增长至 40 公里,宽 50 ~ 100 米,被誉为"百里长街"。再有源于南宋,盛誉明清的浙江台州路桥老街,它北起河西街,南达石曲街,总长 3.5 公里,民间俗称"十里长街"。

在江南水网地区的不少古代城池,水道与路网并行,以河道为骨架,因水成街,"泽浸环市,街巷逶迤",形成很多河街水巷。河道两岸砌有坚固的石驳岸，有的岸上还设有栏杆，跨河架有石桥，来往篷船在河中款款而过，沿岸是各色的房舍店铺，沿河有石级踏步通至河面，成为居民汲水、洗涤的场所。桨声、人声，再加上河面鸭子的嬉水声，更加深了街景的清幽和雅静。唐诗人杜荀鹤《送人游吴》诗云："君到姑苏见，人家尽枕河。古宫闲地少，水巷小桥多。夜市卖菱藕，春舡载绮罗。"南宋的临安城、平江城、静江城，明清的绍兴城、苏州城都有河街水巷。这种不拘一格的特殊街道，大大丰富了城市的街道景观。

道路不直通的尽头街，或曰丁字街的出现，是古代城池中一个非常普遍的现象，以西汉之长安城为例：全城的所谓"八街"几乎全都是尽头街，八条大街的起点是八座城门，向城内通到尽端，正对的都是巍峨壮丽的建筑物。究其原因不外两条，一是军事防御上的考虑，当敌人入城到端头时，兵车无法直通，自然就比较容易从两侧的道路来截击敌军。二是每条街道都不能"不了了之"，一览无余，而是必须有视觉交代，有端景，这个端景就是端头的建筑物。这样也就使单调的街道变得更加丰富和美观。

受自然地貌的限制，或城中河道湖泊水域流势的制约，一条条弯曲多变的有趣斜街便随势而成，它打破了方形城池的呆板格局，平添了不少耐人寻味的意趣。如北宋东京城内就有南斜街、北斜街、耀庙斜街、梁门斜街等。四川成都的清代旧城，虽然宫城南北方正，但宫城外的街巷却全部是斜街。方方正正的明清北京城，不规则的斜街更多，如上斜街、下斜街、东斜街、西斜街、百米斜街、烟袋斜街、棕树斜街、樱桃斜街、杨梅竹斜街、外馆斜街、高粱桥斜街、李铁拐斜街……

依照古代八卦（乾、坎、艮、震、巽、离、昆、兑）内容构建八卦街，用以象征八卦一元生二仪，二仪生四象，四象生八卦。这是一种非常独特的奇异形街道，中间一个空场，从广场四面八方的街道伸向广场，构成放射形状，即谓之八卦街，也就是八条街最终都归入一个空场。例如沈阳的八卦街：它由云集广场伸出四条大街，谓之四相路，分别被命名为乾元路、艮元路、巽从路和坤后路，再由四相生八卦，即所谓八隅的坎生路、震东路、离明路和兑金路。

遍布华夏大地的大小城池数以千计，其中不少历史文化名城、名镇中的古老街区，因为承载着丰富的人文景观和文化内涵而成为一种特殊类型的文化遗产。自2008年开展的"历史文化名街"评选推介活动已经举办了两届，首届有"十大名街"获得挂牌，它们是：北京国子监街、平遥南大街、哈尔滨中央大街、苏州平江路、黄山屯溪老街、福州三坊七巷、青岛八大关、青州昭德古街、海口骑楼老街、拉萨八廓街。第二届又有"十大名街"获得挂牌，它们是：无锡清名桥历史文化街区、重庆瓷器口历史文化街区、上海多伦路文化名人街、扬州东关街、天津五大道、苏州山塘街、齐齐哈尔罗西亚大街、北京烟袋斜街、泉州中山路和漳州古街。这些构成一座城市交通网络的历史名街，不仅是一座城市民众生活的重要依托，也是一座城市发展最具说服力的历史见证，更是一座城市发展不可或缺的文化基因和生态标志。

有城必有街，有街必有巷。小于街的屋间道谓之巷。《诗经·叔于田》："叔于田，巷无居人。"毛传："巷，里涂（塗）也。"古代居民所聚者为之"里"或"坊"。巷就是里坊中屋宇间的道路，巷内的支巷又称"曲"。里（坊）巷设有巷门，设差役负责管理。随着古代"里坊制"的瓦解，尤其是宋代以后在城池规划中广泛采用了所谓"大街小巷"布局手法，令城市街区道路格局大变，旧的里（坊）巷逐渐被方格网状的"大街小巷"所代替。大街逐渐走向繁荣，而横列的小巷则成为民众"居之安"的栖息之所。李白《宴陶家亭子》诗："曲巷幽人宅，高门大士家。"

巷的别称很多。胡同是北方城市小巷的别称，里弄（或弄堂）是江南城镇小巷的异名。另外还有水巷、火巷、井巷以及条、营、场等称谓。宋代都城汴梁和临安城就称坊巷为火巷，《东京梦华录》记："每坊巷三百步许。"《京师坊巷志稿》记："元经世大典谓之火巷，胡同即火巷之转。"说明胡同由元代的火巷演变而来。其实，古之所谓火巷就是专为坊区设置的消防通道，一般都连通住宅的前门后院。江南水乡城镇可以通河之巷谓之水巷，小桥流水，篷船往来，河边有河房，真像人们所说："家家临河住，处处见桥影。""船从门前过，水从屋中流。"井巷之说自然与井有关。北京胡同之称始于元，元代蒙古语"水井"的读音为"huto"（胡同），而古代城市水源又以水井为主，城有千条巷，必有千口井。水井窄而深，犹如巷道，所以就有了井巷之谓。古代城池街巷布局井井有条，"若网在纲，有条不紊"，故而称巷为条，如北京有头条、二条、三条……十条；南京则有鼓楼头条巷、二条巷、三条巷。作为军事防御之地的古代城池，大多有守军安营扎寨，于是就把驻军营盘当作巷名。《宋建康府图》和《明朝都城图》中就有破敌教场、御教场、戍司马营、十三营、十四营等巷名。

古城多巷。每一座历史文化名城必定有着众多充满历史厚重感的古朴小巷。素有"十里长街市井连"之誉的江苏扬州古城，除了光怪陆离的十里长街，那一条条风情古朴的小巷，犹如一幅淡雅清秀的城市风俗画，更是给这座历史文化名城平添了诱人的魅力。在仅有五六平方公里的旧城区，竟有五百多条深深巷陌。长巷接短巷，大巷套小巷，巷巷相通而又巷巷各异，东岔西拐，犹如迷宫。有的小巷不过十米见长，有的小巷只能一人通行。因而扬州又有"巷城"之称。"因州北有福山"而得名的福建省会福州市，从唐末五代开始形成的古老城区，在经历了千余年的风雨沧桑居然至今尚存，成为国内唯一一处保留坊巷格局的古老街区。在不足 0.5 平方公里的地域内，从南至北，右边是三个"里坊"，即衣锦坊、文儒坊和光禄坊，俗称"三坊"；左边是东西向的七条小巷：杨柳巷、郎官巷、塔巷、黄巷、安民巷、宫巷、吉庇巷。这古老宁静的"三坊七巷"沉淀着福州悠久的历史。按照"大街小巷"格局开始形成的北京胡同，据《日下旧闻考》所辑录的《析津志》所记，从元代起就已经有"三百八十四火巷，二十九衖（弄）通"。也就是说共有里巷胡同 413 条。后经明清两代的不断发展，在明北京城的复原图上标注的胡同

◀ 古村深巷
▶ 苏州水巷

总数约有 629 条；清代北京胡同总数，据清末刊印的《京师坊巷志稿》所录为 2077 条。现今北京有多少胡同呢？有人据 1989 年版《中国邮政编码大全》统计，北京现实的胡同（不含街、巷在内的狭义）总数为 1328 条。

有一则成语典故叫"陋巷箪瓢"，源于《论语·雍也》："一箪食，一瓢饮，在陋巷，人不堪其忧，回也不改其乐。"孔子门生颜回住在陋巷，因而有陋巷高贤的清誉。今山东曲阜颜庙前的陋巷街尚有颜回当年居住过的"陋巷坊"遗址。可见，陋巷又常常是出高人的地方。六朝古都金陵遗迹中有久负盛名的"乌衣巷"（在今南京夫子庙文德桥南），原为三国孙吴都城卫队乌衣营的驻地，后成为东晋名相王导和谢安的故宅。唐刘禹锡题《乌衣巷》怀古诗："朱雀桥边野草花，乌衣巷口夕阳斜。旧时王谢堂前燕，飞入寻常百姓家。"令乌衣巷名传千古。当年故宅虽已成为"寻常百姓家"，但沧桑古巷依然能引发人们的思古幽情。在江西抚州沙井巷有明代戏剧家汤显祖的故宅；在浙江绍兴前观巷大乘弄和萧山街笔飞弄，分别有明代书画家徐渭和近代教育家蔡元培的故宅；在江苏扬州观巷有清代书法家包世臣故宅，安乐巷又有现代作家朱自清故宅；在浙江杭州难山街锦云里有现代画家潘天寿故宅。近代有一位从"雨巷"走出来的诗人戴望舒，他的故宅在杭州一处小巷纵横交错的大塔儿巷内，周边还有小塔儿巷、皮市巷、华光巷；他的成名之作《雨巷》所抒写的古巷风情真切而感人："撑着油纸伞，独自彷徨在悠长，悠长又寂寥的雨巷，我希望逢着一个丁香一样地结着愁怨的姑娘。"北京的胡同更是藏龙卧虎、名流辈出之地。近百年来，一大批政治、思想、文化舞台上风起云涌的人物，如康有为、谭嗣同、孙中山、宋庆龄、鲁迅、茅盾、齐白石、梅兰芳、程砚秋、尚小云、老舍等，他们的生活背景都被映现在那一条条幽静、安宁的胡同之中。再如前面提及的福州"三坊七巷"，也同样容纳养育了为数众多的思想家、科学家、作家、艺术家。严复、沈葆祯、林旭、林觉民、林徽因、谢冰心、庐隐、郁达夫……也都在那清幽巷径之中留下了他们的生活印记。

如同山有山名，河有河名，人也有姓名一样，每一条小巷的名字也是了解社会历史的可贵资源。小巷之命名五花八门：以人名或姓氏而名——苏州有专诸巷、伍子胥弄；扬州有常府巷；北京有文丞相胡同、石大人胡同、马状元胡同、史家胡同、佘家胡同；江苏黄桥古镇有孙家巷、罗家巷、王家巷；南京有焦状元巷、朱状元巷；扬州有李官人巷。以建筑物来命名——北京有石碑胡同、砖塔胡同、铁影壁胡同、柏林寺胡同；以衙署官府所在地而命名——扬州有运司公廨巷、西公廨巷、司背后巷（皆因附近曾有盐运司衙门）；北京有帅府胡同、巡察院胡同、兵马司胡同、学府胡同。以平民衣食住行和手工业坊而命名——北京有米市胡同、炒面胡同、刷子胡同、草帽胡同、贺粉浆胡同、石老娘（产婆）胡同；苏州昔有豨（猪的古称）巷、大酒巷；扬州有浴堂巷、雀笼巷；南京有饮马巷、驴子巷；杭州和南通都有孩儿巷（源于民间艺人制作泥娃娃），而回民聚居地的牛肉巷、羊肉巷更为普遍。以地形特征而命名——北京有月牙胡同、耳朵胡同、大喇叭胡同；扬州有蛇尾巷、鹅颈巷、梨头巷。以树木花草命名——苏州有百花巷、水仙弄、腊梅里、丁香巷；常州有青果巷；北京有花枝胡同、草园胡同、柳树胡同、槐树胡同；扬州有双桂巷。烟花柳巷之名则是旧时代遗留下的一个畸形烙印，北京有粉子胡同、本司胡同、演乐胡同；南京有天妃巷、美人巷、胭脂巷；扬州有柳巷；南通有柳家巷等。包罗万象的小巷之名，有非常雅致的，如南京有长干里（源于古诗）；上海有蓝妮弄堂（源于公主）；北京有教子胡同、潜学胡同；苏州有养育巷、鹦哥巷；扬州有雅官人巷等。也有非常粗俗的，如南京有灵床巷、摸奶巷、破布营、黑婆婆巷；北京有尾巴胡同、鸡爪胡同（今吉兆胡同）；虽然粗俗，但里面的典故却非常悠久。也有的平淡无奇，直呼其名，如扬州就有按次序地排为一、二、三，直至九巷；苏州亦有一人弄、二郎巷、五龙巷、九曲里、十郎巷等。

　　一条小巷一部历史，一条小巷一个无言的故事。就以当代作家陆文夫在《苏州漫步》中描述的苏州小巷风情作本章结语："我喜爱苏州，特别喜爱它那恬静的小巷。……它整洁幽深，曲折多变。巷中都用弹石铺路，春天没有灰尘，夏日阵雨刚过，便能穿布鞋而不湿脚。巷子的两边都是高高的院墙，墙上爬满了常春藤，紫藤；间或有缀满花朵的树枝从墙上探出头来。在庭院的深处，这里、那里传出织机的响声，那沙沙沙沙的是织绸缎；那吱呀喊嚓的是织绒。……小巷子里，大门常开。在敞开的大门里，常常可以看到母女二人伏在一张绷架上，在安静地绣花。"

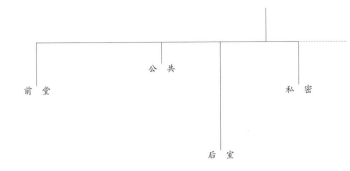

升堂入室

公共

前堂   私密

后室

"升堂入室"，一作"登堂入室"。语出《论语·先进》："子曰：'由之瑟，奚为于丘之门？'门人不敬子路。子曰：'由也升堂矣，未入于室也。'"由：仲由，即子路，孔子弟子。升堂：表示已经入门。虽未入室，但已升堂，升堂次于入室，说明子路的学问已很"到家"。后即以"升堂入室"比喻得到他人学问造诣的要谛和真传。《三国志·管宁传》："娱心黄老，游志六艺，升堂入室，究其阃奥。"

● 江苏同里御史
第兰云堂

何以"升堂"次于"入室"呢？这得从古代居住建筑的格局来找答案。

在孔子生活的年代，人居建筑已经有了比较统一的形制和标准。清代学者张惠言根据古代文献记载、前代学者研究成果以及《仪礼》所载礼节，作出了春秋时期士大夫住宅想象图：住宅有墙垣相围，前部有门，门内有院，院北即是建在高台上的房屋主体建筑，分别由堂和室两部分组成，堂在前，室在后；堂的东西各有一堵被称作序的墙——东序、西序；序之东为东堂，序之西为西堂；东、西堂后为夹，夹后为房；东房北向为之北堂（后门）；堂的正面（南向）无墙，只有两根被称作楹的柱子；堂前还筑有两道阶梯，分别称东阶、西阶，主人循东阶而上，客人沿西阶而入。

了解了堂与室的空间方位关系，自然就会明白：仲由之所以不能直接进入屋室，因为按照礼数，无论是主人还是宾客，沿台阶拾级而上，首先只能登堂，如果是主人登堂见客，还要在"序"前寒暄一番，然后才能进入正题。这就是所谓要"入室"，必先"升堂"。而"升堂"绝非一件容易的事，何况"入室"？

作为古代民居基本平面格局的"前堂后室"，至今依然是营造住宅所遵循的一条重要原则。前堂是家庭生活的"公共"空间，后室则是家庭生活的"私密"空间。前后区分不仅表明内外有别，在使用功能上也大不相同。

一个家庭的集体活动，如祭祀、议事、待客、庆宴都要在堂内公开举行，它带有浓厚的礼制色彩，因而在形制上就显得与众不同。其一，面南向阳，方正有加。《释名》释宫室："堂者，当也，谓当

正向阳之屋。……堂，犹堂堂，高显貌也。"这里所表即堂的形制特征：面南向阳，方正有加；宽敞高显，空间通透。堂的东、西、北向均有墙相围，唯独南面无墙，因而格外敞亮，故而名之曰"堂皇"，古之办理案牍的官厅被称为公堂，于是便引申为光明磊落、公正无私。也正因为堂南无墙，故而又将堂的侧边称之为堂廉，廉必直，于是引申为人格品行方正。另有一则成语叫"堂堂正正"，究其字源意义，其实就是因堂建筑形制所引申出的一种理想人格比拟。学者赵广超在所著《不只中国木建筑》中说："堂相当于一座教堂、一部历史、一篇告示、一个法庭和一个内部检讨的场所。一切社会文化活动都写在庭堂之间，就算是方丈的空间，也足以安放整个天地人间。"堂"是个重要到不轻易应用的地方。"为人处世，亦应如堂：堂堂正正做人，扎扎实实做事！

　　与"前堂"所体现出的形象品格不同，"后室"所显现出的形象特征则是封闭和内向，也就是"藏而不露"，带有深深的"私密"性质。古代有很多关于室的称呼，如"廑"（小屋）、"庈"（深屋）、"亶"（偏舍），尽管这些称呼今天已不再使用，但它们当初的表义却都含有深邃和幽暗的意思。清李斗在《扬州画舫录》中也曾指出过室的深藏性："堂奥为室……五楹则藏东、西梢间于房中，谓之套房，即古密室、复室。"室的封闭和内向特征，也同样引申出一种特殊的伦理现象，即明显的性别差异。房屋布局上的"前堂后室"之分，在很大程度上就是男女之别。妇女平时都在"后室"，堂在外，室在内，所以称妻子为"内室"，妻在室，必须安于室，所以又称妻子为"妻室"，丈夫称妻子则为"室人"。女儿亦如是，尚未出嫁即被唤为"室女"。

先人从居住房屋平面格局创造出的成语"升堂入室"，在历史嬗变中延伸出太多值得解读的文化内涵。

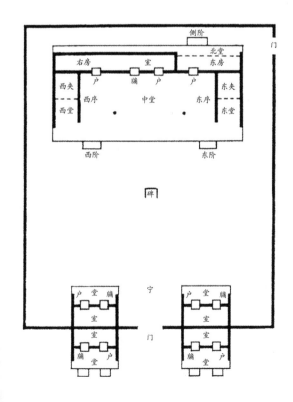

⬇ 清张惠言《仪礼图》中的士大夫住宅图

户枢不蠹

门 轴

门 臼

户 枢

"户枢不蠹"，语出《吕氏春秋·尽数》："流水不腐，户枢不蝼，动也。"《意林》引"不蝼"作"不蠹"。户：门，蠹：蛀蚀，经常转动的门轴不会被蛀蚀，比喻经常运动的东西不易受外物侵蚀。亦作"户枢不朽"，《三国志·魏书》："动摇则谷气得消，血脉流通，病不得生，譬犹户枢不朽是也。"

　　这则成语中的蝼、蠹、朽，说的是一个意思，即蛀蚀。那么"户枢"又是什么意思呢? 通用辞书的解释不尽相同，有的释为"门户的转轴"（《辞海》）。有的则释为"门的转轴或承轴臼"（《汉字古今义合解字典》）。释义所引典籍为《庄子·让王》："蓬户不完，桑以为枢。"《潜夫论·忠贵》："（贵戚）惧门之不坚而为作铁枢。"这里出现了两个答案：一指门的"转轴"，一指门的"承轴臼"。要求证出它的正确答案，首先得弄明白一扇门的基本构造。

　　作为一扇可以独立开启的门，无论是城门、宫门，或者是民宅中的简陋板门，在结构上是没有差别的，一般都是由门扇、门框和门斗组合而成的。其中，用于安置固定门扇的是门框，它由左右两根框柱和上面一根横枋构成。门扇被安装在门框的里侧，而用于固定门扇并使之能够转动的是两个特殊构件：一个是钉铆在门扇一侧的立轴，它上下突出，可以随着门的开合而自由转动，所以就被称为"转轴"（或门轴）；另一个是用来承接门轴的轴臼，即所谓"承轴臼"，也可称为门臼，它被设置在门轴的下端，其状如舂米脱谷的石臼，或捣磨药材的铜臼。这个门臼可以是一个独立构件，也可以直接在门枕石上方开凿出一个圆形小凹穴。可见，门轴和门臼并非同一构件，所起的作用也不相同。不过，门轴如果没有了门臼的承接，门扇不仅无法开合，而且还可能移位。因此，门轴离不开门臼，反之亦然，二者只有组合在一起使用，才能真正做到门的随意开闭，并最终实现"户枢不蠹"。这样看来，将"户枢"释为"转轴"或"承轴臼"，虽然也勉强说得过去，但笔者以为，更为准确的说法应当是：门轴 + 门臼 = 户枢。户者，单扇门也。

　　作为古建筑门上两个并不引人注目的小小构件，如果不见实物，一般也很少会有人去探究它为何物，况且今之门的门扇早已不用门轴和门臼来安装。然而，我们的先人却能从两个并不显眼的普通的物件中，以物喻理，向世人析理出处世护身的千古真义：户枢之所以不朽不蠹，其根本原因就在于"动"，并由此而引申出人之养生同样也离不开"动"。《后汉书·华佗传》中曾记述三国名医华佗从医理角度预防疾病的方法："人体欲得劳动，但不当使极尔。动摇则谷气得消，血脉流通，病不得生，譬犹户枢不朽是也。"

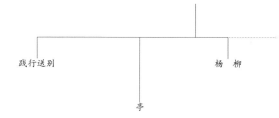

长亭短亭

践行送别   亭   杨　柳

"长亭短亭"，指的是古代用于迎饯而设在路（江）边或驿站旁的亭建筑。从文字学的角度审视，亭的原意是停留的意思。《释名》说："亭，停也，人所停集。"《园冶》也说："亭者，停也，所以停憩游行也。"说明亭的初始功能是供来往行人休憩其中。秦汉时，亭又曾一度作为维护地方治安的基层组织。《汉书·百官公卿表上》："大率十里一亭，亭有长，十亭一乡。"《史记·汉高祖本纪》记："（刘邦）及壮，试为吏，为泗水亭长。"后来，代替亭制而起的是"驿"。之后，亭和驿逐渐废弃，但亭所固有的"停憩"本义却逐渐转化为行旅驻足和迎饯送别的礼仪场所。通常在乡间大约每隔十里设置一亭，谓之"长亭"，而在近城郊每隔五里设置一亭，谓之"短亭"，后因以"长亭"指旅途中的驿站，"短亭"则成为送别地的代名词。经过历代文人的反复吟咏，那些专为行旅、迎饯而设置的"长亭短亭"便平添了极其浓郁的情感色彩，从而成为一种与离人、乡愁、闺怨、旅苦相联系的富有诗意的奇妙建筑。"十里长亭"一词最早出现在北周庾信《哀江南赋》："十里五里，长亭短亭。谓十里一长亭，五里一短亭。"唐白居易原本、宋孔传续撰之《白孔六帖·馆驿》卷九亦记："十里一长亭，五里一短亭。"为了诗词长短及韵律的需要，又往往简称"长亭"或"短亭"。

作为古代最具观赏价值的亭建筑，在历史陶冶中所延伸出的文化功能异常复杂和多样，但大都属于无实用价值之精神文化功能。钟华楠在《亭的继承》一书中言道："亭是中国建筑物中最无实用价值而功能又最多，最奇妙之空间。……亭之无实用，但为闲逸享受人生而设，这是无用中之最大的精神功能。"其中，为饯行送别而设置的亭，体现的正是它的精神文化价值。

饯行送别是古代行路文化中的重要出行礼俗。古人的离别情怀与今人有很大的不同。李白《行路难》中所吟古代路上人心中的主旋律是"行路难，多歧路，今安在"。关山修阻、道路崎岖、交通不畅，令别离后重逢变得异常艰难，正所谓"山川阻且远，别促会日长。"（曹植《送应氏》）所以，离别前的送行就显得格外重要。因此，自先秦始就有为出行者祭祀路神和设宴送行的风俗，其意在祈求一路平安，称之为祖送、祖帐、祖饯或祖道。《文选·序》："燕太子丹使荆轲刺秦王，丹祖送于易水上。"张铣注："祖者，将祭道以相送。"王维《齐州送祖三》："祖帐已伤离，荒城复愁入。"《宋史·胡瑗传》："以

太常博士致仕,归老于家,诸生与朝士祖饯东门外。"《汉书·疏广传》:"公卿大夫故人邑子设祖道供张东都门外。"这种礼俗代代相沿,"长亭"或"短亭"就首先成为一个特定的送别场景,蕴含着浓浓离情别意和无尽惆怅失落的"十里长亭""长亭短亭""长亭送别",也就成为一个古诗文中出现频率很高的经典意象。

古代离别的缘由和性质虽然各不相同,但在人的复杂情感中,"多情自古伤离别"却是最具普遍意义的一种情怀。人生聚散无常,除了死别,人生天地之间,谁也无法避开一次次地和友人、情人与亲人的生离。这也就是古典诗文中写长亭送别的作品为何那么多产。蕴含着依依惜别之情的"长亭送别",在唐诗宋词中随处可见。如,唐李白《菩萨蛮》:"平林漠漠烟如织,寒山一带伤心碧,暝色入高楼,有人楼上愁,玉阶空伫立,宿鸟归飞急。何处是归程?长亭更短亭。"又《淮阴抒怀,寄王宗成》:"沙墩至梁苑,二十五长亭。"杜牧《题齐安城楼》:"不用凭栏苦回首,故乡七十五长亭。"柳郴《赠别》:"何处最悲辛,长亭临古津。"王初《送王秀才谒池州吴都督》:"池阳去去跃雕鞍,十里长亭百草干。"李商隐《五松驿》:"独下长亭念过秦,五松不见见舆薪。"王昌龄《少年行》:"西陵侠少年,送客短长亭。"于良史《江上送友人》:"长亭十里外,应是少人烟。"李端《送袁稠游江南》:"江南衰草遍,十里见长亭。"张玭《题嘉陵驿》:"嘉陵路恶石和泥,行到长亭日已西。"柳宗元《离觞不醉至驿却寄相送诸公》:"无限居人送独醒,可怜寂寞到长亭。"罗隐《边夜》:"夜阑回首算,何处不长亭。"崔国辅《渭水西别李仑》:"陇右长亭墟,山阴古塞秋。"武元衡《送李秀才赴滑州诣大夫舅》:"长亭叫月新秋雁,官渡含风古树蝉。"马戴《江南赠别》:"长亭晚送君,秋色渡江濆。"吴融《题扬子津亭》:"扬子江津十四经,纪行文字遍长亭。"司马扎《送归客》:"寂寞长亭外,依然空落晖。"司空图《松滋渡二首》其一:"步上短亭久,看回官渡船。"裴说《春暖送人下第》:"相送短亭前,知君愚复贤。"唐彦谦《罗江驿》:"已是向来多泪眼,短亭回首在天涯。"耿湋《发绵津驿》:"杳杳短亭分水陆,隆隆远鼓集渔商。"郑古《淮上与友人别》："数声风笛离亭晚，君向潇湘我向秦。"宋晏殊《踏莎行》："祖席离歌，长亭别宴。香尘已隔犹回面。"周邦彦《瑞鹤仙》："凌波步弱，过短亭，何用素约。"苏轼《送孔郎中赴陕郊》："十里长亭闻鼓角，一川秀色明花柳。"柳永《雨霖铃》："寒蝉凄切，对长亭晚，骤雨初歇。"林逋《点绛唇》："又是离歌，一阕长亭暮。王孙去。萋萋无数，南北东西路。"陆游《归次樊江》："芳草东西路，绿杨长短亭。"范成大《丁酉正月二日东郊故事》："客愁旧岁连新岁，归路长亭间短亭。"

长亭送别时安排下筵席。饮酒亦为送行时常见场面。唐徐浑《秋日赴阙题潼关驿楼》："红叶晚萧萧，长亭酒一瓢。"岑参《送祁乐归河东》："置酒灞亭别，高歌披心胸。"李商隐《离亭赋得折杨柳二首》其一："暂凭樽酒送无憀，莫损愁眉与细腰。人世死前惟有别，春风争拟昔条条。"又《板桥晓别》："回望高城落晓河，长亭窗户压微波。水仙欲上鲤鱼去，一夜芙蓉红泪多。"李群玉《醴陵道中》："别酒离亭十里强，半醒半醉引愁长。"王昌龄《宿灞上寄侍御玙弟》："独饮灞上亭，寒山青门外。"

友人在长亭送别时多折杨柳相赠。汉字中"柳"和"留"同音，赠柳即表示对离人的挽留，借谐音以表情谊，可谓妙想。同时，长长的柳丝也象征着离人长久的愁绪。唐李白《劳劳亭》："天下伤心处，劳劳送客亭。春风知别苦，不遣柳条青。"宋陈允平《浪淘沙慢》："长亭柳，寸寸攀折。"又《摸鱼儿》："怅折柳柔情，旧别长亭路。"苏轼《送孔郎中赴陕郊》："十里长亭闻鼓角，一川秀色明花柳。"周邦彦《兰陵王》："长亭路，年去岁来，应折柔条过千尺。"黄庭坚《蓦山溪》："心期得处，每自不由人，长亭柳，君知否，千里犹回首？"贺铸《石州引》："长亭柳色才黄，远客一枝先折。"词僧惠洪《青玉案》："绿槐烟柳长亭路，恨取次、分离去。日永如年愁难度。高城回首，暮云遮尽，目断知何处？"槐者，怀也；柳者，留也。元张可久散曲《人月圆·春晚次韵》："萋萋芳草春云乱，愁在夕阳中。短亭别酒，平湖画舫，垂柳骄骢。"清龚自珍《摸鱼儿》："朝朝送客长亭岸，身似

芦沟柳树。"

　　描写男女之情的长亭送别，最为著名的当是宋代柳永的出色长篇《雨霖铃》："寒蝉凄切。对长亭晚，骤雨初歇。都门帐饮无绪，留恋处，兰舟催发。执手相看泪眼，竟无语凝噎。念去去，千里烟波，暮霭沉沉楚天阔。多情自古伤离别，更那堪冷落清秋节。今宵酒醒何处，杨柳岸、晓风残月。此去经年，应是良辰好景虚设。便纵有千种风情，更与何人说？"北宋词家柳永常常羁旅天涯，寄身于女儿堆中，因而也更多地品尝到离别的痛楚和思念。他在汴京悲叹与心爱的歌姬离别，词以冷落的清秋为背景，衬托和表达与心爱人难舍的离情。词中所展示给读者的是一幅多么凄切的秋江别离图：相送情人到"十里长亭"，兰舟催发，执手相看，眼泪汪汪，无语凝噎，其情其境，感人至深。南宋词人姜夔年轻时曾游安徽合肥，与一歌女姊妹相识，情好甚笃。离合肥后，与情侣离别后的恋慕之情不忘，于是便自己度曲，创制《长亭怨慢》词调。题序引庾信《枯树赋》云："昔年种柳，依依汉南；今看摇落，凄怆江潭；树犹如此，人何以堪。"词曰："渐吹尽，枝头香絮，是处人家，绿深门户。远浦萦回，暮帆零乱，向何许？阅人多矣，谁得似长亭树。树若有情时，不会得青青如此！日暮，望高城不见，只见乱山无数。韦郎去也，怎忘得玉环分付。第一是早早归来，怕红萼无人为主。算空有并刀，难剪离愁千缕。"情词题序借柳起兴，词中"阅人"数句又接着说柳。长亭边的柳树经常看到人们送别的情况，离人黯然销魂，而柳树则无动于衷，尽管主人希望"青青如此"的"长亭树"也能有情，但最后展示给读者的仍旧是柳丝般的"离愁千缕"，以柳之无情反衬自己惜别的深情。

　　饯行送别选择在"长亭短亭"，也是古代戏剧中经常出现的场景。著名者莫过于元杂剧《西厢记》。"长亭送别"一折（第四本第三折），描写莺莺在西风残照、衰草迷离的暮秋天气，于十里长亭送别张生上朝取应的感人情景："（夫人、长老上云）今日送张生赴京，十里长亭安排下筵席。我和长老先行，不见张生、小姐来到。（旦、末、红同上）（旦云）今日送张生上朝取应，早是离人伤感，况值那暮秋天气，好烦恼人也呵！悲欢聚散一杯酒，南北东西万里程。〔正宫〕〔端正好〕碧云天，黄花地，西风紧，北雁南飞。晓来谁染霜林醉？总是离人泪。〔滚绣球〕恨相见得迟，怨归去得疾。柳丝长玉骢难系。恨不倩疏林挂住斜晖。马儿迍迍的行，车儿快快的随。却告了相思回避，破题儿又早别离。听得道一声'去也'，松了金钏；遥望见十里长亭，减了玉肌：此恨谁知！"只有离人才能深切体会"恨相见得迟，怨归去得疾。"

元吴昌龄《东坡梦》第二折有唱曲〔漫折长亭柳〕："漫折长亭柳，情浓怕分手。欲跨雕鞍去，扯住罗衫袖。问道归期端的是甚时候？泪珠儿点点鲛绡透。唱彻阳关，重斟美酒。美酒醉消愁，只怕酒醉还醒，这愁怀又依旧。"这支曲子将情人分别时的难分难解描绘得十分到位：长亭、折柳、阳关曲、送别酒……缠绵悱恻，淋漓尽致。

元柯丹邱《荆钗记》第三十出《赴任》中有主人公王十朋唱曲〔朝元歌〕："钦奉纶音，命游宦，宿邮亭。远离京城，盼阳关把往事空思省。水程共山程，长亭复短亭。"此曲表述的是：王十朋奉朝廷指令前往潮阳赴任途中的情状，一路艰辛，投宿驿馆，不由得空忆起重重往事。前面的路程还很遥远，还得跋山涉水，还得经过一座座长亭短亭。

长虹饮涧

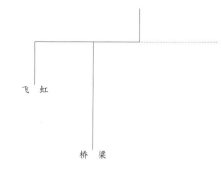

飞 虹

桥 梁

宋张择端《清明上河图》中的虹桥

"长虹饮涧"，以雨后五彩斑斓的长虹来比喻跨河越涧的桥梁。语见唐张鷟《朝野佥载》："赵州石桥甚工……望之如初月出云，长虹饮涧。"赵州石桥俗称"大石桥"，又名"安济桥"，位于河北赵县之洨河，由隋大业年间匠师李春主持修建，距今已有1400余年历史，是世界上现存最古老、跨度最大的敞肩圆弧拱桥。桥的造型美观，轻盈秀丽，是我国古代桥梁建筑中高度科学性与完美艺术性相结合的最优秀范例。

    这则成语创造出一个令人感到奇景美妙的经典意象。用"长虹饮涧"来代称桥也并不为过。我国已故桥梁专家茅以升说："把人间的桥，比作天上的虹，在我国是由来已久的。不但诗文里很早就有桥虹并提的词句……而且很多桥就名为'卧虹''垂虹''飞虹''长虹'等等各式各样的虹。"（《人间彩虹》）

    我国古代桥梁文献中，最早将"桥虹并提"的当是汉班固的《西都赋》："因瑰材而究奇，抗应龙之虹梁。"李善注："梁形似龙而曲如虹。"（应龙，一种有翼的龙）。唐代杜牧所写的《阿房宫赋》中亦有"长桥卧波……不霁何虹"的描述。在历代大量的咏桥诗词中，以"虹"状桥为题的清丽名篇、名句亦所在多有。北周庾信《咏在司水看治渭桥》诗："跨虹连绝岸，浮鼋续断航。"唐李白《秋登宣城谢朓北楼》诗："两水夹明镜，双桥落彩虹。"陆龟蒙《和袭美咏皋桥》诗："横截春流架断虹，凭栏犹思五噫风。"宋苏辙《次韵道潜南康见寄》："待濯清溪看玉虹。"宋姜夔则专为江苏吴江"虹如半月，长若垂虹"的垂虹桥写有《过垂虹桥》诗。宋赵令衿《石井镇安平桥记》，并附以诗云："玉梁千尺天投虹，直槛横栏翔虚空。"清梅庚《登凤凰桥望敬亭积雪歌》："鳌峰之北北楼东，澄潭如镜垂双虹。"清侯少田《游苍山纪事诗》："半天楼阁跨飞虹，风摇詹铎声铮钪。"建于宋代的江苏吴江垂虹桥，桥上建有垂虹亭，宋代几位著名诗人如苏轼、张先、王安石、陆游、姜夔、林景熙等都曾为之题咏。王安石《送裴如晦宰吴江》诗云："他时散发处，最爱垂虹桥。"

    诗词之外，题刻在桥柱、桥亭的楹联、对语，也能使长虹饮涧相映成趣。"一曲蕙兰飞彩鹡；双城烟雨卧长虹。"这是素有"浙东第一桥"美誉的余姚通济桥桥联。举世闻名的大渡河铁索桥桥联曰："三岭巍巍，石塔耸孤标，秀插云霄如玉笔；双溪汨汨，铁桥绵亘过，横跨碧浪似长虹。"泉州洛阳桥桥联："潮来直涌千寻雪；日落斜横百丈虹。"苏州西山庙桥桥联："跨水虹梁新结构；合流虎阜抱潆洄。"北京颐和园十七孔桥联："虹卧石梁岸引长风吹不断；波回兰桨影翻明月照还望。"玉带桥桥联："螺黛一痕平铺明月镜；虹光百尺横映水晶帘。"

　　说到古代直接以"虹"来名桥的实例，有记载者当推北宋时建在汴京汴河上的"虹桥"，其造型见宋张择端的名画《清明上河图》。《东京梦华录》记："自东水门外七里，至西水门外，河上有桥十三。从东水门外七里曰虹桥。其桥无柱，皆以巨木虚架，饰以丹，宛如飞虹，其上下土桥亦如之。"这是我国古代独创的一种结构非常奇特的高级木拱桥，或称叠梁拱桥，尽管作为实物的这种特殊拱桥早已不存，但人们依据文献记载以及古画中留下的倩影，提出不少从结构到施工的种种复原方案，有人还制作了模型，在今武汉长江大桥旁的莲花湖公园内，就复制了一座纪念性的仿古虹桥。此外，各地现存的古代"虹"桥实物也有不少，如浙江嘉兴有"长虹桥"，浙江湖州有"虹桥"，湖北来凤有"霁虹桥"，河南开封有"虹桥"，江苏吴江有"垂虹桥"，江苏苏州有"虹桥"，贵州贵阳有"霁虹桥"，

贵州施秉有"跨虹桥",云南保山有"霁虹桥",云南永平有"霁虹桥",江西上高有"浮虹桥",扬州城内有"小虹桥",瘦西湖上有"大虹桥"（亦称红桥），北京故宫有"断虹桥"等。

茅以升在《人间彩虹》一文中写道："虹在天空，光彩鲜艳，不但美丽可爱，而且形如半环，从眼前跨到天边，引起人们的深思遐想，壮志宏图。"

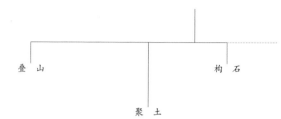

功亏一篑

叠山　　　　　　　　　构石

聚土

"功亏一篑"，语出《尚书·旅獒》："为山九仞，功亏一篑。"功：同工，意为事；亏：却少；篑：土筐。本意为堆筑九仞高山，由于只差一筐土而未能成功。与此意相同的还有另一个成语"未成一篑"。《论语·子罕》："子曰：'譬如为山，未成一篑，止吾止也。'"后人用此意比喻功败垂成，含有惋惜之意。

　　这则成语给予我们的信息是，早在 2500 多年前的春秋战国时期，我国已经出现有人工造山之事。

　　中国人的很多奇思妙想也着实令世人惊骇。具有独特魅力的"真山"已经不胜枚举，却还要费尽心机地通过人的劳作来堆筑一个又一个的"假山"。究其缘由也很简单，一个人终究不能天天去游山，那就只好把一座"假山"带到"可观、可赏、可居、可游"的园林之中。西方园林中只有雕塑而没有假山，中国园林中却只嗜假山而少有雕塑。陈植《筑山考》曰："假山之筑，张渼氏于其《艮岳记》中号曰：'筑山'。计成氏于其《园冶》书中称：'掇山'，南京谓之：'堆山'，杭州谓之：'叠山'。"园林中的叠山造景被视为造园之首要，故而有"名园以叠石胜"的说法。

　　我国从孔子"为山"，列子"移山"已现人工筑山端倪。降及嬴秦，"作长池，引渭水……筑土为蓬莱山。"（《三秦记》），这大概是园林聚土为山的开始。"叠石为假山，志乘可考者，亦始自汉。"（童寯《江南园林志》）汉茂陵富商袁广汉造私园，"构石为山，高十余丈，连延数里。"（《三辅黄图》）。从秦之"聚土为山"到汉之"构石为山"，至魏晋南北朝时，因士人山水园之蔚然成风，堆叠假山也成为营造自然山水氛围的重要手段。北魏司农张伦在洛阳的宅园内"造景阳山有若自然，其中重岩复岭，嵌崟相属，深蹊洞壑，逦迤连接。"（杨衒之《洛阳伽蓝记》）唐宋前后山水画的发展又大大推动了叠山艺术的日趋成熟，还出现了专门堆筑假山的能工巧匠，被称之为"山匠"或"花园子"。《新唐书》谓司农卿赵履温"尝为安乐公主缮治定昆池，延袤数里，累石象华山，磴约横邪，回渊九折，以石潨水，引清流穿罅而出，淙淙然下注如瀑布。"历史上最负盛名、规模最大的假山，

是宋徽宗在都城汴梁所造的"艮岳"，它不仅用人工堆栈峰、峦、岩、谷各种景观，而且立奇石以供欣赏，其中最大的一块太湖石，高五丈，竖立在通往华阳宫的路上，徽宗封之为"盘固侯"，并赐予金带。当年为堆栈"艮岳"假山，宋徽宗还曾下令设苏杭应奉局，由专人在太湖沿岸搜罗奇石北运汴京，这就是历史上殚费民力、激起民愤的"花石纲"。元朝建大都时所堆万岁山（今北京景山），是为现存最大之土假山。有"假山王国"之称的苏州狮子林，由元代高僧维则所叠之假山，洞壑盘旋，蜿蜒曲折，出奇入巧，嵌空奇绝。明清假山更是盛极一时，名家辈出，佳作迭起。不少精致而结构复杂的园林假山也应运而生。张南阳所叠上海豫园黄石假山，石涛所叠扬州万石园山石和片石山房湖石山假山，仇好石所叠扬州静香园宣石山假山，戈裕良所叠苏州环秀山庄湖石假山，李笠翁所叠北京半亩园土石混合假山以及北京故宫御花园、圆明园、颐和园，承德避暑山庄，南京瞻园，苏州拙政园、留园、网师园、耦园，扬州个园、小盘谷、寄啸山庄，嘉定秋霞园等假山名园都出自明清。

假山最根本的法则就是《园冶》中提到的"有真为假，做假成真"，用《红楼梦》的说法叫"假作真时真亦假"。陈从周先生曾就此有过非常精辟的论说："假假真真，真真假假。《红楼梦》大观园假中有真，真中有假，是虚构，亦有作者曾见之物，又参合作者之虚构。其所以迷惑读者正如此。故假山如真方妙，真山似假便奇……"（《说园》）这里所说的真中之假、假中寓真之理，其实就是通常所说的生活真实与艺术真实。园林中的假山，说到底是"假化"（艺术化）的真山，是艺术家"搜尽奇峰打草稿"后构筑而成的，是大自然真山的缩影。

假山源自真山，所以通常都依据真山形态把假山归纳为土山、石山和土石混合山三种类型。若依假山的堆叠技巧则又有不同的分类方法。明计成在《园冶·掇山》中就山体位置将假山分为园山、厅山、楼山、阁山、书房山、池山、内室山、峭壁山。而李渔在《闲情偶寄·山石》中却又将假山分为大山、小山、石壁、石洞、零星小石。

李渔主张造大山要用土，"用以土代石之法，得减人工，又省

春山

夏山

物力，且有天然委曲之妙，混假山于真山之中，使人不能辨者，其法莫妙于此。"假山始于"聚土为山"，故而竭力模仿真山，因为真山具有林泉丘壑之美。这种"贵自然"的叠山传统，至今仍然值得重视。大山之作，主要盛行于古代的皇家苑囿之中。

李渔所言之"小山"，主要盛行于中唐以后的士大夫文人园林中。李渔主张筑小山要"以石为主"，但"亦不可无土"。小山用石可以充分发挥假山堆叠技巧，使其变化多端，耐人寻味。小山虽无真山之巨，却可以通过石的通透和势的奇崛，既能给人以"几疑身在万山中"的快慰，又能欣赏到"叠山家"出神入化、巧夺天工的精湛技艺。小山多设置在小型园林之中，其位置大都和建筑物相连，或与湖池紧密结合。计成在《园冶》中所设计的八种假山造型样式以及他所特别推崇的叠山用石，如太湖石、灵璧石、昆山石、宜兴石、龙潭石、宣石、青龙山石、岘山石等，均被造园者视为"筑小山"的参照范例，现存的诸多古典园林假山实物，原则上都可以与之互为印证。

中国历史上有许多文人都酷爱其至崇拜假山，并有大量咏赞之作传世。唐诗圣杜甫有《假山》诗："一匮功盈尺，三峰意出群。望中疑在野，幽处欲生云。慈竹春阴覆，香炉晓势分。惟南将献寿，佳气日氤氲。""假山"之"假"被刻画得如此入神，实乃绝妙之笔。以擅长描绘景物的唐诗人郑谷有《七祖院小山》诗："小巧功成雨

秋山

冬山

藓斑，轩车日日扣松关。峨嵋咫尺无人去，却向僧窗看假山。"状写假山的小巧逼真，也颇引人入胜。宋代大学者朱熹有《假山焚香作烟云掬水为瀑布》诗："一篑功夫莫坐谈，便教庭际涌千岩。眼中水石今成趣，物外烟霞旧所耽。泉细寒声声夜壑，香锁暝蔼变晴岚。儿童也识幽栖地，共指南山更近南。"焚香于假山之中而生烟云，引水于假山之上而成瀑布，犹如置身真山一般。而"眼中水石今成趣"，也体现了诗人的审美追求。

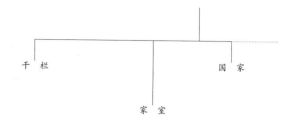

四海为家

干栏　　　　　　　　　国家

家室

"四海为家"，原意是说帝王占有四海之业，喻指天下一统。语见《荀子·议兵》："四海之内若一家，通达之属莫不从服。"张衡《西京赋》："方今圣上，同天号于帝皇，掩四海而为家。"徐乾学《读礼通考》："天子以四海为家，舜葬苍梧，禹葬会稽，岂受夷裔而鄙中国邪? 示无外也。"后引申指漂泊无定或志在四方。唐刘禹锡《西塞山怀古》："今逢四海为家日，故垒萧萧芦荻秋。"元汤式《别友人往陕西》："十年作客，四海为家。"

⊙ 汉瓦当上的
"家"字
⊙ 傣族干栏
式竹楼

与"家"相关的常用成语还有很多，如家破人亡、家常便饭、家长里短、家道从容、家道消乏、家鸡野雉、家贫如洗、家徒四壁、家无儋石、家喻户晓、家贼难防、家书抵万金……中国人把对"家"的情感已经深深地融入日常文字和语言之中。"家"字在甲骨文和金文中作屋下有"豕"之形，意思就是屋内有豕，"豕"即猪。《说文》："家，居也，从宀，豭省声。"段注："本义乃豕之居也。引申假借以为人之居。"故引申假借为"人"之所居，即"家庭"。"家"字之所以从"豕"而不从"人"，古代文献颇多异释，学界也长期各执一词，直到20世纪60年代，还有人力主将"家"简化为从宀、从人，并出现在国家颁行的第三批简化汉字表中（不久废止）。其实，"家"字的原发形态原本与古代建筑的原始形态密切相关，家是与先民古老居住方式之一的"干栏"建筑配套的。家的发明权应当属于"干栏"民居。由上古"巢居"进化演变而成的干栏式建筑，是一种古老的高脚式民居，它下部架空，故有"吊脚楼"的俗称。根据考古发掘，我国除黄土高原外，几乎都曾陆续发现新石器时代（距今4000～6000年前）的干栏遗存。《魏书》中记有"依树积木，以居其上，名曰干栏，干栏大小，随其家口之数"。另外，《北史》、《南史》、《唐书》、《通典》等古籍中也都有类似的记载。干栏建筑的最大特点就是上层住人，下层可以圈养家畜。宋代周去非的《岭外代答》中写道："结棚以居，上设茅屋，下豢牛豕。"直到今天，在我国傣、爱尼、侗、壮、土家等少数民族聚落之地，干栏建筑仍旧是他们的主要居住方式。由此看来，"家"字正是以先民"人猪共居"的居住方式为其造字的客

观现实依据，它所展示的就是一幅生动的原始生民图。当然，作为建筑设施而存在的"家"，只是"家"的"硬件"部分，而"家"的"软件"部分，即凝结积淀于其中的各种观念意识则蕴含着更为丰富的文化内容。有学者指出："屋是泛指在地上搭建、有顶盖有墙壁的人工结构，而'家'则是一间带着特殊意义的屋。"（赵广超《不只中国木建筑》）这里所说的"特殊意义"可以有诸多解说，它可以是一种文化，也可以是一种情怀，但"家"在古人心目中的含义则突出表现在以下两个方面。

其一，古人素以家室称夫妇。《诗经·桃夭》："之子于归，宜其室家。"这里的"室家"即指女子所嫁的人家。《白虎通》："嫁者，家也。妇人处成以出，适人为家。"《左传·桓公十八年》："女有家，男有室，无相渎也，谓之礼。"孔颖达疏："男子，家之主，职主内外，故曰家。女主闺内之事，故为室。"男子有妻叫有室，女子有夫叫有家，所以说"有夫有妇然后为家"。换句话说，家必须是一个具有人伦关系的家，家必须有人，这就是古人传统观念中的家。以婚姻血缘为纽带而形成的氏族之家，是天下芸芸众生赖以生存的庇护所，也是最基本的社会细胞。

其二，古人常把"家"的含义扩展到朝廷乃至整个国家，故有"天家"一说，家与国几成一体。家的最大共同实体就是"国家"。《吕氏春秋·贵卒》："公子纠与公子小白皆归，俱至，争先入公家。"高诱注："公家，公之朝也。"习凿齿《羊祜陆杭两境交和》："自今三家鼎足，四十有余年矣。"《礼记·礼运》："今大德既稳，天下为家。"《汉书·盖宽饶传》："五帝官天下，三王家天下，家以传子，官以传贤。"

玉阶彤庭

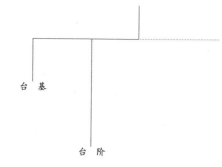

台 基

台 阶

"玉阶彤庭"，饰玉的（或石砌）台阶，涂红的门庭，形容建筑雕饰非常华丽。《书·大禹谟》："舞干羽于两阶。"李白《菩萨蛮》："玉阶空伫立，宿鸟归飞急。"《说文》释："阶，陛也。"段注："凡以渐而升曰阶。木部曰：梯，木阶也。"又："陛，升高阶也。"段注："自卑而可以登高者谓之陛。"蔡邕《独断》也说："陛，阶也，所由升堂也。"说明阶的本义即是台阶，或曰踏道。皇帝的宫殿台基最高，因此把阶称作陛。旧称皇帝为"陛下"即源于此。

　　说到台阶，先得了解"台基"。台基是单体建筑的"下分"，也就是木构架建筑物的底座。它的实用功能是防水避潮和稳固屋基，调节建筑空间，壮大建筑整体形象，标志建筑等级则是它的审美功能。历代对台基形制均有具体规定，《墨子》称"尧堂高三尺，土阶三等"，就是说尧住的房屋有三尺高的台基；《考工记》记述"夏后氏世室……堂崇三尺"；《礼记》也列有"天子之堂九尺，诸侯七尺，大夫五尺，士三尺"的台基高度规制。宋《营造法式》规定"立基之制，其高与材五倍"，其意为，台基高按"材"制的五倍确定。清代对台基形制的限定更趋严格，据《大清会典事例》："公侯以下、

三品以上房屋台基高二尺，四品以下至庶民房屋台基高一尺。"

重要的官式单体建筑台基，通常是由台明、台阶、栏杆和月台等四个附件构成，其中最具特色的部分是台阶。从地面到台基的阶梯式通道谓之台阶，亦称踏道。《韩诗外传》有一则记载："云凤蔽日而至，皇帝降于东阶。"说明台阶早在皇帝时就已经出现。台阶制式一般分为三种类别：垂带踏跺、如意踏跺和姜蹉（或称礓嚓）。较常见的垂带踏跺一般由踏跺（中间砌置的一级一级的阶石）和两端斜下之垂条石（垂带）构成；如意踏跺的特点是三面设台阶，都可以上下；礓嚓的特点是总体修成一个大的坡面，在坡上用砖砌出一条一条的棱，以防行人滑倒。垂带踏跺中等级最高的是御路踏跺，多用于宫殿、祭坛和大型寺庙，其主要特点是在踏跺的中间斜置有所谓的"御路石"，多用汉白玉或大理石雕饰而成。在御路阶石的左右踏跺被称为左阶和右阶（亦称东阶和西阶）。御路是不通行人的，行人走左右踏跺。周代有东西（或左右）两阶的礼仪制度："主人入门而右，客入门而左，主人就东阶，客就西阶。主人与客让登，主人先登，客从之。拾级聚足，连步以上，上于东阶，则先右足，上于西阶，则先左足。惟簿之外不趋，堂上不趋。"（《礼记·典礼》）这种制度亦盛行于汉代，唐有实物，宋有记载，尔后虽逐渐淡化，但从它那一级级连步而上的踏道，依然可以看出建筑物的等级差异。唐大明宫含元殿，筑于高约 10 米的台基之上，殿前有三条平行斜坡阶道达于地面。阶道各长约 70 米，中间阶道宽 25.5 米，两侧阶道各宽 4.5 米。阶道旁都有青石栏杆。因阶道犹如龙行而垂其尾，故名龙尾道。今北京故宫保和殿后的一块雕着流云游龙的御路阶石，是我国现存最大的成型台阶石，俗称云龙阶石。它被镶嵌在保和殿后的一条御道中间，始建于明，清乾隆二十五年重加雕饰。重雕后的阶石长 16.57 米，宽 3.07 米，厚 1.7 米，重 187 吨。整块石雕构图饱满，雕工精细，堪称我国古代石雕艺术中不可多得的瑰宝。

民间建筑中的台阶制式，比起官式建筑自然要随意得多。按照明代学者文震亨在《长物志·室庐》中的说法："自三级至十级，愈高愈古，须以文石剥成。种绣墩或草花数茎于内，枝叶纷披，映阶旁砌。以太湖石叠成者，叫涩浪，其制更奇，然不易就。复室须内高于外，取顽石具苔斑者嵌之，方有岩阿之致。"文震亨之说概括了明代南方居室阶制的一般规律。如果说皇帝的正殿台阶昭示的是身份和巍峨，那么，民众的宅居台阶却深藏着一种古拙、寂静、活力和风韵。诗人的歌咏也赋予台阶更多的文化和审美趣味。南朝陈张正见《赋得阶前嫩竹》："砌曲横枝屡解箨，阶前疏叶强来风。"南朝陈江总《在陈旦解醒》："阶荒郑公草，户阒董生帷。"唐郑谷《竹》："侵阶藓折春芽迸，绕径莎微夏荫浓。"唐李群玉《经费拾遗所居》："空余书带草，日日上阶长。"李白《菩萨蛮》："玉阶空伫立，宿鸟归飞急。"杨巨源《月宫词》："藻井浮花共陵乱，玉阶零露相裴回。"

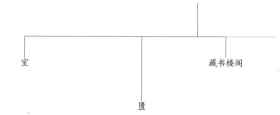

石室金匮

室　　　　匮　　　　藏书楼阁

"石室金匮"，以石为室，以金为匮，匮即"柜"，为珍藏图书和档案的处所。
见《史记·太史公自序》："迁为太史令，紬史记、石室金匮之书。"紬：抽引。本
为理出丝缕的头绪，这里引申为寻绎义理，辑成条文。亦作"金匮石室"，《汉
书·高帝纪下》："又与功臣剖符作誓，丹书铁契，金匮石室，藏之宗庙。"颜师古注：
"以石为室，重缄封之，保慎之义。"陆游《会稽志序》："上参《禹贡》，下考太
史公及历代史金匮石室之藏，旁及《尔雅》、《本章》，道释之书。"

这则成语所传递出的信息是：我们的祖先很早就懂得珍爱图
书资料，并且不惜用"石室金匮"予以收藏和保存。《史记》中曾被
老子称为"周守藏室之史"，这大概是我国官府藏书的最早文献记
载。至西汉，真正意义上的藏书建筑开始出现。据《通典》："汉凡
图书所在，有石渠石室延阁广内，贮之于外府，又有御史中丞居殿
中，掌兰台秘书，及麒麟天禄两阁藏之于内禁。"这里提到的石渠
阁、麒麟阁和天禄阁，就是西汉宫中用于收藏典籍和秘书的著名藏
书建筑。另据《三辅黄图》："石渠阁，萧何造，其下砻石，以趣导
水，若令御沟，因为阁名。"石渠阁即因阁下一条砻石的水渠而得名，
在石渠阁里面，除收藏图集文书外，还绘制有汉代功臣和贤大夫的
画像，以霍光为首，苏武第二(《太平御览》)。汉代以后的宫廷藏书
建筑，隋有嘉则殿、观文殿，唐有昭文殿、宏文馆。到了宋朝，宫
廷藏书更盛，据《宋史》："真宗景德元年冬十月置龙图阁奉太宗御
制文集及典籍图画宝瑞之物。……自是每一帝崩则置一阁。"故而自
宋真宗到宋徽宗就先后建有龙图阁、天章阁、宝文阁、显谟阁、徽
猷阁、敷文阁，被后人称为"藏书六阁"。与此同时，各地的府、州、
县也开始建造藏书楼阁，时称稽古阁。据《事物纪原》："宋太祖令
天下置敕书楼，今州县所有是也。"清代最为典型的御用藏书建筑
则有所谓内廷四阁和江南三阁。北京故宫的文渊阁、圆明园的文源
阁(已毁)、承德避暑山庄文津阁、沈阳故宫文溯阁为内廷四阁；江
南三阁是扬州的文汇阁(已毁)、杭州的文澜阁、镇江的文宗阁(已
毁)。这七座著名的藏书楼阁，是清乾隆年间专为收藏《四库全书》

而参照天一阁房屋制度、书架款式而建造的。其中尤以北京故宫的文渊阁最为著名。文渊阁位于紫禁城东南隅，午门东侧，它早在明代就是皇宫内的藏书阁，明末毁于战火，今存实物重修于清乾隆年间。阁外观二层，实为三层，中间是暗层，屋顶为绿色琉璃瓦歇山顶。平面六间，进深三间，前有方池、石桥，后有假山，周有苍松翠柏，环境优美。据史料记载，阁的下层厅堂曾收藏《四库全书》和《古今图书集成》12架、经部图书20架；中层藏史部图书33架；上层藏子部图书22架、集部图书28架。如今虽已不存图书，但书架陈设依然保持原状。

历史上与宫廷藏书楼阁并行存在的还有众多的私家建筑。尤其在宋元以后，随着雕版、活字印刷术的推广应用，书籍文献大量增加，于是私家藏书遍及全国各地，随之也相继出现了大量的民间藏书建筑，仅以人文渊薮的江、浙两地为例，明清间盛誉书林的民间藏书之所即有：浙江范钦的天一阁、祁尔光的澹生堂、郑性的二老阁、丁修甫的八千卷楼、陆刚甫的皕宋楼、刘承幹的嘉业堂等；江

苏黄虞稷的千顷堂、徐乾学的传是楼、毛子晋的汲古阁、钱谦益的
绛云楼、黄丕烈的士礼居、瞿镛的铁琴铜剑楼等。遐迩闻名的宁波
范氏天一阁，是我国保存至今最古老的藏书建筑。阁始建于明代嘉
靖年间，为面阔六间的两层硬山顶的木构建筑物，整座建筑布局得
当，风格朴实，环境静谧，具有浓厚的书卷气息。

　　除以上提到的官府和民间藏书建筑之外，在历代书院和宗教寺
庙中也都有专门的藏书（经）之所。书院因藏书而得名，并以藏书为
重。书院藏书之所名称不一，有书楼、书库、书廊、尊经阁、崇文阁、
宝经堂、御书楼、博文馆、藏书馆等。今存之湖南岳麓书院御书楼、
江西白鹿洞书院御书阁，均为此类藏书建筑的典型例证。佛教寺院、
道教宫观中的藏经楼或藏经阁，也都是书（或经）的圣地。特别值
得一提的是山东曲阜孔庙的奎文阁，它是以专门收藏历代帝王的赐
书、手谕而闻名天下。阁始建于北宋天禧二年，全木结构，面阔七间，
进深五间，三层三檐，顶覆黄色琉璃瓦，通高 27.95 米，是我国现
存最大的木构阁建筑。

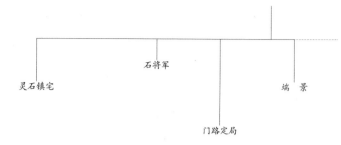

石敢当

- 灵石镇宅
- 石将军
- 门路定局
- 端景

　　"石敢当"，语出西汉史游所著蒙童识字课本《急就篇》："师猛虎，石敢当，所不侵，龙未央。"颜师古注："敢当，言所当无敌也。"《通俗编·居处》引《继古丛编》："吴民庐舍，遇街衢直冲，必设石人或植片石，镌'石敢当'以镇之，本《急就章》也。"又引《墨庄漫录》，谓宋仁宗庆历四年于福建莆田的唐代宗大历五年"石敢当"刻石，说明此俗早在唐代已有。清代学者俞樾在《茶香室续钞》中亦说："石敢当三字刻石始于唐。"

●《鲁班经》中描述的"泰山石敢当"

　　古代有诸多禁忌和崇拜，石头崇拜就是其中很特别的一种自然拜物教，它具有宗教信仰的基本要素。北周庾信《小园赋》中说："镇宅神以薶（埋）石。"意思是说，要镇定宅神，使其常护左右，就必须于造屋时埋石为祭。可见，唐宋以后普遍流行的所谓"石敢当"现象，其渊源当是远古时代的石崇拜。而反映在建筑民俗中，"石敢当"又是影响较广的一项。有关石敢当的种种民间传说，也多在"石"上做文章。清《集说诠真》上说："石敢当本系人名，取所向无敌之意，而今城厢第宅，或适当巷陌桥道之冲，必植一小石，上镌'石敢当'三字，或又绘虎头其上，或加'泰山'二字，名曰'石将军'……"这一奇特现象，即是古代风水术中的所谓"灵石镇宅法"。换句话说，因"巷陌桥道之冲"而立的"石敢当"碑，其实就是补救风水的一种镇煞方法，用以镇治不利的环境影响，以寻求一种心理上的安慰。古人这种风水意识的"物化"民俗在民间甚为流行。成书于明代的建筑工匠业务专用图书《鲁班经》中，还具体列出了石敢当的式样和规格："高四尺八寸，阔一尺二寸，厚四寸，埋入土八寸。"足见其影响之大。至于将"泰山"加在"石敢当"上方而构成的"泰山石敢当"，始于明代，流行于清代，达于今日，其意为借神圣的泰山以增石敢当之威力，因为在神话和历史传说中，泰山一直被誉为圣山中最为重要的山，是一切生命的发祥地。

　　刻有"石敢当"或"泰山石敢当"的石碑（或小石人），比较多的用于镇压道路冲射。风水术认为："宅之吉凶全在大门"，而大门之设则不宜正冲着道路，道路两侧的建筑也不宜相对开门，以回避

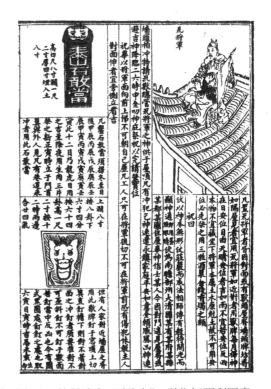

煞气，如果受到条件制约，就得请来"石敢当"，以化解不利因素，这叫"门路定局"。一座普通民宅如此，若把它扩大到一座城市，也同样可以获得相关信息。只要粗略了解一下古代城池中的道路安排，你就会发现：石敢当现象一样无处不在，其突出表现就是道路不直通，即通常所说的"丁字路"。以西汉之长安城为例，全城的街道几乎都是尽头街或丁字街。究其原因不外两条：一是军事上的考虑。敌人入城，兵力和车马都不能直通，自然就比较容易截击敌军，这难道不就是"所当无敌"！二是每条街道都不能"不了了之"，而是必须有视觉交代，古代城池中的每一条重要街道的尽端，绝不能一览无余，而是要有端景，这个端景就是端头建筑。比如以宫殿为中心面对双阙和城门，就是城池规划中的大手笔，隋唐东都洛阳城的宫廷中轴线向南正对龙门双阙，明南京城的皇城宫殿的中轴线向南面对牛首山双阙，龙门和牛首山均为两山对峙，形似双阙，从宫廷遥望双阙，气势开阔，威严壮观。城门对宫门的例证更多，西汉长安城的覆盎门面对长乐宫的正门；唐长安城的明德门面对太极宫的朱雀门；明清北京城的永定门面对皇城的正阳门。……此外，古代城池街道构图中的对景实例很多，城门楼、钟鼓楼、戏楼、庙宇、府第、古塔，都可以成为对景。这些大大小小的"石敢当"，令单调的街巷变得更加丰富，也更加美观，同时也使居处其间者感到安全。

由此可见，看似神秘的石敢当现象，其实也包含着深刻而系统的思维理念："人们如果站在这块碑前一望，便知对方是有某种现象迎面而来，或许是一条街巷，或许是一座桥梁，或许别的什么，乃至包括自然地貌地物，引起人们的注意，须要作回应；这'石敢当'便是作出回应的符号，是最普通、最廉价、最'初级'的符号。如果有条件，这个符号会化身千万，可能是一座阙，一座牌楼……建筑物与环境之间在'对话'。"（张良皋《匠学七说》）

同舟共济

舟船　　　　　　　　　　画舫

扁舟

"同舟共济",语出《孙子·九地》:"夫吴人与越人相恶也,当其同舟而济,遇风,其相救也,若左右手。"舟:船,济:渡水,语义为大家同坐一条船过河。后以"同舟共济"比喻在危难时齐心协力,共渡难关。唐杜甫《解闷》:"减米散同周,路难思共济。"亦作"同舟而济"。汉朱穆《复奏记梁冀》:"夫将相大臣,均体元首,共舆而驰,同舟而济,舆倾舟覆,患实共之。"

　　舟在成语"同舟共济"中所保留的文化含义,是作为水上交通工具的名词意义,即"舟船"。《说文》:"舟,船也。古者,共鼓、货狄,刳木为舟,剡木为楫,以济不通。"所谓"刳木为舟,剡木为楫",就是将树段砍挖成槽状,并将内部加以整理,然后再用削去繁叶的树枝来划水,这就是最初的舟,也就是人类历史上最早的船只。大自然是人类的导师。先人从水上漂浮的圆木和树枝获得启发,从而造出了人类最早的水上工具:独木舟。考古发现表明,我国大约在七千年前的旧石器时代就已经开始制作和使用独木舟,从考古发掘的遗物来看,远古独木舟的形体有三种:尖头尖尾,都有起翘;头尾方形,没有起翘;头尖尾方,舟头起翘,尾部平底。后来船的形状也大体因袭独木舟的造型。舟船的发明,令不识水性的人也能从此岸渡到彼岸。从此,陆地和水上的交通就离不开车马和舟船。

　　舟船本是致远以利天下的水上交通工具,但对睹物思怀的古代文人名士来说,却是寄托江湖之思的一个重要象征物,他们把内心的种种情怀,统统化作对舟船生活的憧憬。唐李商隐《安定城楼》:"永忆江湖归白发,欲回天地入扁舟。"白居易《风雨晚泊》:"苦竹林边芦苇丛,停舟一望思无穷。"李白《越中秋怀》:"不然五湖上,亦可乘扁舟。"杜甫《秋日荆南述怀》:"伏枕因超忽,扁舟任往来。"张九龄《初发江陵有怀》:"扁舟从此去,鸥鸟自为群。"钱珝《江行无题》:"身世比行舟,无风亦暂休。敢言终破浪,惟愿稳乘流。"宋苏轼《临江仙》:"小舟从此逝,江海寄余生。"李清照《武陵春》:"闻说双溪春尚好,也拟泛轻舟。只恐双溪舴艋舟,载不动许多愁。"元管道升《渔父词》:"争得似,一扁舟,弄月吟风归去休。"

舟船的意象不仅是历代诗者的宠儿，也是古代造园家用来曲折表达种种理念和情操的重要工具。综观我国古典园林，尤其是私家园林，多与古代隐逸文人结缘，其园林"主人"大多历尽沉浮，视官场为"樊笼"，总想遁世隐逸，最为理想的方式就是摇动一叶扁舟，离开尘岸，作精神的远足，亦如陶渊明所言："实迷途其未远，觉今是而昨非，舟摇摇以轻扬，风飘飘而吹衣。"(《归去来辞》) 又如李白所言："人生在世不称意，明朝散发弄扁舟。"(《宣州谢朓楼饯别校书叔云》) 但由于古代文人写意园林大都用地有限，空间局促，水面多不能泛舟荡桨，于是就在园林中创建出一种极富创意和诗意的特殊园林建筑：舫。游人身处其中，仿佛置身舟楫一样。舫，《说文》："舫，船也。"《尔雅·释言》："舫，舟也。"郭注："并两船。"两船相并为之"舫"，说明舟与舫的功能大体相当。《战国策·楚策》："舫船载卒，一舫载五十人。"王粲《赠蔡子笃》："舫舟翩翩，以溯大江。"乐府古辞《焦仲卿妻》："青雀白鹄舫，四角龙子幡。"舫是对舟船的模仿，也是对舟船的摒弃。舫在园林中已经不再具有舟的"济险安渡"功能，而是逐渐演变为一种抒发性灵、安顿性灵的象征物，它

已被当做人的道德追求、人格完善的工具。由于舫徒具船形而不能移动，具有是与非的特殊性格，因此也被赋予一个雅名叫"不系舟"。《庄子·列御寇》："巧者劳而知者忧，无能者无所求，饱食而遨游，泛若不系之舟，虚而遨游者也。"成玄英疏："唯圣人泛然无系，譬彼虚舟，任运逍遥。"这里所宣扬的人生境界，正好用来象征失意文人那种从容自在、不为功名羁绊的精神境界，以及追求独立自由人格的心理需求。

说到舫的品类，陈从周云："园林中之仿舟建筑，较确切似应如下称之，临水者名旱船，不临水者称船厅，筑水中者呼石舫。"(《梓室余墨》)

旱船，又称画舫。较为通行的园林画舫，大都临岸贴水，像待人登临，似起锚待航。船与池岸有梁桥相连，类似跳板。船体由前、中、尾舱构成。前舱较高，作成敞篷，绕以围栏，宛若平台，以供赏景。中舱略低，两坡顶，内部置长窗，施隔扇，装饰工巧，光线充足，明静宜人，专供休息、宴饮之用。尾舱最高，多作两层，顶与前舱同为歇山式，上层四面开窗，可登临远眺。整体轮廓高低错落，虚实相间，轻盈舒展，是园林中极具特色的小品建筑。苏州怡园的"画舫斋"，是艘三面临水的旱船。池水北岸峰峦叠嶂，舫首面对石壁，犹如航行于丘壑之间。园主顾文彬集辛弃疾词为联："还我渔蓑，依然画舫清溪笛；急呼斗酒，换得东家种树书。"表达的是古代"渔父"的自由情怀。苏州拙政园的旱船名曰"香洲"，也是三面临水，船头是台，前舱为亭，内舱是阁，船尾为楼。船头的"香洲"匾额为明文征明所书，后有跋语云："文待诏旧书'香洲'二字，因以为额。昔唐徐元固诗云'香飘杜若洲'，盖香草所以况君子也。乃为之铭曰'撷彼芳草，生洲之汀；采而为佩，爰人骚经；偕芝与兰，移植中庭；取以名室，惟德之馨。'"很显然，旱船香洲所表达的则是超逸的人格意义。江苏同里古镇退思园的"闹红一舸"，是一艘从九曲回廊凸向池中的小舫，造型十分简洁：前舱为一正面悬山小筑，后舱为一侧向双坡小构，没有起楼。舫身很浅，由湖石托起，半浸凌波，微风轻吹，犹如扁舟碎波荡漾。舫名取自南宋词家姜白石名作《念奴娇》的首句，其他如上海秋霞园的舟而不游轩、苏州拙政园的香洲、怡园的画舫斋、同里退思园的闹红一舸，都属于这一类型。

船厅，有人把它视为是一种写意的抽象主义"画舫"，因为从外观上根本看不出画舫的形象。此类舟舫，虽取其名，但并不一定设在水中，目的只为象征水的存在，"非水得水"，是为水趣，顾沔《园居杂咏·舫斋》诗云："水陆皆随便，阴晴总自操；泛舟原不系，何处见波涛。"这种完全建在陆地的舟船，外形不像船反似厅堂，但其内部装饰却与旱船无异，入口处的匾额通常题亦舫、怡航之类，船窗外也多置有湖石。游舫之趣全在联想之中，"陆居非屋，水居非舟"，皆在似与不似之间。北宋的欧阳修曾在衙署建构如舟之居，题曰"画舫斋"，以象征舟船，并自撰《画舫斋记》："斋广一室，其深七尺，以户相通。凡入予室者，如入乎舟中……凡偃休于吾斋者，即如偃休于舟中。山石崷崒，佳花美木之植，列于门檐之外，又似泛于中流，而左右林之相映皆可爱者，故因以舟名焉……予闻古之人，有逃世远去江湖之上，终身而不肯返者，其心必有所乐也。苟非昌利于险，有罪而不得已，使顺风恬波，傲然枕席之上，一日而千里，则舟之行，岂不乐哉。"这大约是古代见诸文献的最早船厅之构。在此后的江南园林中，该类建筑十分普遍，其艺术造诣也更加精湛。扬州何园的船厅，四周无水，以厅为船，阶前铺地呈鳞片形图案，纹作"水波粼粼"状，给人以水的意境。南向正面廊柱有楹联曰："月作主人梅作客；花为四壁船为家。"苏州虎丘拥翠山庄的月驾轩，旧有题额"不波小艇"，直接点出其为陆舟。南海西樵山的白云洞，建在完全缺水的临崖之处，而题匾竟是"一棹入云深"，以云为水，极富逸趣。上海豫园的此亦舫也属同类船舫，"以舫为室何妨小，与石订交不碍奇"的联语，勾起人们关于舟船形象的联想，也生动地刻画了士大夫的人文情怀。广东四大名园之一的顺德清晖园，亦有"船厅"之构。它仿照昔日广州荔枝湾湖面一座名为"紫洞艇"的游艇造型而建，外形不像船反似楼，有上下两层，二层有开敞的

回廊,厅内的"前舱"和"内舱"之间以镂空芭蕉图案的落罩作间隔。楼船两侧各有青青池塘,碧波涟漪。置身楼船,有如置身湖面船头之感。左前方的池塘边植有一棵沙柳树,象征稳住船只的竹篙。沙柳树旁有一株百年紫藤,缠绕沙柳攀援而上,象征船缆。该船厅还有一个别名"小姐楼",因为它曾是园主心上人的闺房。

石舫,筑于水中,竭力模仿真船建造,艺术上追求形似,多用大理石雕刻堆砌而成,故名之为石舫。通常的做法是下部船舷用石造,上部船舱用木构。北京颐和园的清宴舫是我国园林中最大的石舫,它筑于昆明湖,清乾隆二十年(1755)落成,1860年被英法联军烧毁,仅下部船舷幸存。原上部船舱为中式楼船,光绪十九年(1893)重建时被改建为西式舱楼,带有明显的西洋风格,所以不少人对它颇有微词,认为与中国园林的写意手法格格不入。此类舫的著名例证还有:南京煦园"石舫"和苏州狮子林"石舫"等。

后花园

前庭后园

花前月下

美景寄情

中国古典文学作品中频频出现的所谓"后花园",源自中国传统建筑组合中所形成的庭院式布局。一个独立的院落,通常都采取"前庭后园"的布局形式,即在主体建筑的后面大多会造一个或大或小的花园,供居住者休憩娱兴。一所普通宅院、一座森森寺庙、一组巍巍皇宫,大体都遵循这一格局。前庭和后园之间保持着一种若断还连的关系,后园既是前庭不可分割的一部分,又是一个相对隐蔽的独立场所,具有更多生活化的闲暇和随意。在险恶世情和森严礼教的束缚下,主要用作生活起居和社会交流的"前庭",士子文人执礼有节,履行着"修身齐家治国平天下"的儒家典训,所显现出的伦理秩序让人敬畏,属意严肃。而风景宜人的"后园",则透露出道家对自然情趣的追求,属意自由,从而也就成为人们进行有分寸放纵的理想场所。

墙头马上后花园,常常是上演爱情故事的场所。中国古典爱情的情境,一定是美不胜收的良辰美景:山台水榭、花前月下、满眼春意、盈鼻幽香。《诗经·关雎》篇中"窈窕淑女"的寄情之地也是一处散发着缕缕清香的自然林园。《诗经·将种子》中"将仲子兮,无逾我园"的吟唱,则写一位女子因畏人言而告诫自己的情人"无逾我园",直接将爱情和"园"联在一起。由唐代宫苑演绎出的李隆基和杨玉环的爱情悲剧,因白居易的长篇感伤诗《长恨歌》而成为妇孺皆知的经典。杨贵妃死后,唐玄宗面对依旧池苑中的芙蓉和杨柳,早已欢乐不再,当日杨贵妃如影随形、赏花看月,如今已是玉人难回。南宋诗人陆游与唐婉的爱情悲剧,不仅给后人留下了一曲刻骨铭心的千古绝唱,还令他的爱情纪念地"沈园"成为一代名园,虽历经八百年沧桑而始终不废。元代以后中国戏曲、小说中所演绎的男女爱情故事,也大都把花园作为爱情表演的舞台,男女主人公的活动场所通常都被安置在环境优美的园林之中,爱情与花园结成了最广泛的联盟,民间谚语中的"私订终身后花园",说的就是男女缘情、寄情的环境铺垫。余秋雨在《中国戏曲文化史》一书中指出:"让男女主角的恋爱活动,获得一个宁静、幽雅的美好环境和氛围,让他们诗一般的情感线索在诗一般的环境氛围中延绵和展示。"于是,富贵小姐与落难公子私订终身,才子佳人在月影迷朦的夜晚幽会,就被统统设定在充满自然意趣的"后花园"。在众多运用环境铺垫与情爱来架构才子佳人的经典文学作品中，一揽风情者当属戏剧。人们通常也把此类题材的戏剧称之为"园林戏"。

园林戏中影响最大的莫过于元杂剧《西厢记》（王实甫作），写书生张珙在蒲东普救寺与崔相国之女莺莺相遇，两情相悦，经侍女红娘牵线而私订终身。故事改编自唐元稹的传奇小说《莺莺传》，原作只说故事发生在"蒲之东十余里"的一座"僧舍曰普救寺"，并未提及花园，而《西厢记》却把故事的发生地改为"蒲郡东"的"萧寺"后花园。这一改动非常重要，剧作家刻意把后花园当作痴情男女追求爱、体验爱、得到爱的理想场所。剧中的青春闺秀崔莺莺，平时紧锁闺房，苦闷不堪，但当她走出绣房，看到残花败柳的暮春景象，禁不住发出伤春的感慨："可正是人值残春蒲郡东，门掩重关萧寺中；花落水流红，闲愁万种，无语怨东风。"（第一本楔子）当张生得知莺莺到后花园的太湖石畔降香，便悄悄来到花园等待，他满心欢喜地唱到："玉宇无尘，银河泻影；月色横空，花阴满庭。"（第一本第三折）在一座碧空如洗、月光如水、洒满花阴的庭院幽会，诗一般的内心情感和诗一般的环境氛围相互融合，景也动人，情也动人。

元杂剧《墙头马上》（白朴作），写工部尚书裴行俭之子裴少俊与宗室李总管的女儿李千金"墙头马上"相遇，二人一见钟情，经过传书递简，李家花园约会，最后竟与裴少俊私奔，并在裴府花园匿居七年，还生下一对儿女。终被裴父发现赶出家门，后来，裴少俊赴考得官，裴父到李家赔礼道歉，方获重圆。剧中人物的主要活动场景就是李家和裴家的后花园。剧中对李家花园的描述全剧共分四折，前两折的故事情节是在李家后花园展开的。在春光明媚的三月，百无聊赖的李千金到自家的后花园排遣苦闷的情怀，她唱出的两支清丽而典雅的曲子，既生动地描绘出园内花落春归的特有景色，又将一个青春少女惜春伤春的情怀刻画得淋漓尽致。第一支曲子《鹊踏枝》："怎肯道负花期，惜芳菲，粉悴胭憔，他绿暗红稀。九十日春光如过隙，怕春归又早春归。"第二支曲子《寄生草》："柳暗青烟密，花残红雨飞。这人人和柳浑相类，花心吹得人心碎，柳眉不展蛾眉系。为甚西园陡恁景狼藉，正是东君不管人憔悴。"两支曲子以景衬情，十分感人。白朴所作的另一杂剧《东墙记》，写书生马文辅和董秀英相爱、听琴、和诗以及丫鬟从中传递书信等秘密活动，几乎都是在"千红万紫，花柳分春"的"南园"中进行的。

元杂剧《㑇梅香》（郑光祖作），写的是裴尚书家侍女樊素如何撮合小姐裴小恋同书生白敏中实现美满婚姻的故事。作者把侍女樊素的良苦用心皆寓于园林景物的描绘之中。剧中通过樊素的两段唱词，生动地表达了主人公赏园时的心境和所观赏到的美景。第一折："此景翰林才吟难尽，丹青笔画不成。觑海棠风锦机摇动鲛绡冷，芳草烟翠纱笼罩玻璃净，垂杨露穿丝穿透珍珠进。池中星有如那玉盘乱撒水晶丸，松梢月恰便似苍龙捧出轩辕镜。""翰林才"吟不成、"丹青笔"画不成的美景，无疑是主人公抒情表意的最好帮手。第二折："趁此好天良夜，踏苍苔月明。看了这桃红柳绿，是好春光也呵。花共柳，笑相迎，风和月，更多情。酝酿出嫩绿娇红，淡白深青。"朗月和风的春夜，同样也是主人公抒情表意的最好帮手。

明传奇剧《玉簪记》（高濂作），写书生潘必正自幼与宦臣之女陈娇莲订有婚约，并有玉簪和鸳鸯扇坠为凭。后因宋末金兵南侵，娇莲流落金陵女贞观做了道姑，易名"妙常"。潘在京城临安应试落第，投奔其在女贞观做观主的姑母，暂寓读书，期间与妙常相识、相恋。事为姑母察觉，竭力反对，乃逼潘生再次赴试，想以此来拆散二人的情思。潘必正登程后，陈妙常乘舟追及，二人在舟中相互盟誓，并交换信物玉簪及鸳鸯扇坠为表记。后必正及第授官，与妙常结为夫妻。作者为这出戏所设定的典型环境是一处被称作"女贞观"的后花园，为的是营造一个供男女恋人谈情说爱的"情境"。在"寄弄"一出戏中，潘必正于窗外听陈妙常弹琴，妙常的唱词是："粉墙花影自重重，帘卷残荷水殿风，抱琴弹向月明中。香袅金猊动，人在蓬莱第几宫。"月下弹琴，多么希望有一个知音在听。在"姑阻佳期"一出戏中，妙常在园中等候书生潘必正时有一段唱词："松梢月上，又早钟儿响，人约黄昏后，春暖梅花帐。倚定栏杆，悄悄的将她望。猛可的花影动，我便觉心儿痒，呸！元来又不是他，那声音儿是风戛帘钩声韵长，那影子儿是鹤步空庭立那厢。"明月松影、风吹帘钩、仙鹤倩影，如此迷人的"园境"，岂不就是一对恋人情境的绝好映衬！

像这种把诗一般的园林环境作为主人公钟情场所的古代戏剧还有很多，像《西园记》《西楼记》《花为媒》《白蛇传》等，也都是"园林戏"比重较大的戏曲剧目。就连并不以园林作为故事发生、发展背景的清代传奇戏曲《桃花扇》（孔尚任作），竟然也在结尾的"余韵"一折中，用套曲"哀江南"，唱出一曲以园林兴废表现国家兴亡的绝唱："俺曾见金陵玉殿莺啼晓，秦淮水榭花开早，谁知道容易冰消。眼看他起朱楼，眼看他宴宾客，眼看他楼塌了。这青苔碧瓦堆，俺曾睡风流觉，将五十年兴亡看饱。那乌衣巷不姓王，莫愁湖鬼夜哭，凤凰台栖枭鸟。残山梦最真，旧境丢难掉，不信这舆图换稿。诌一套'哀江南'，放悲声唱到老。"

明汤显祖的传奇剧《牡丹亭》，更是一部古典爱情戏的杰作，也是一部传统园林戏的经典。这出以园林为名，并以园林空间为背景而唱曲的名剧，从对白到唱词，处处都在说园林、唱园林。《牡丹亭》究竟讲了怎样一个古典爱情故事？剧本的第一出"标目"即向观众说出剧情梗概："杜宝黄堂，生丽娘小姐，爱踏春阳。感梦书生折柳，竟为情伤。写真留记，葬梅花道院凄凉。三年上，有梦梅柳子，于此赴高唐。果尔回生定配，赴临安取试，寇起淮扬，正把杜公围困，小姐惊惶。教柳郎行探，返遭疑激恼平章，风流况，施行正苦，报中状元郎。"故事从杜丽娘踏春讲起。由于封建社会对女子的禁锢，聪慧多才的杜丽娘终日被困闺房，足不出户，甚至连自家后花园都未曾去过，当她通过贴身侍女春香的道白，得知花园"有亭台六七座，秋千一两架。绕的流觞曲水，面著太湖山石。各色花草，委实华丽"。于是决定游园。当她置身其中，那万紫千红、莺歌燕舞的满园春色，令她感到惊愕，并由衷地感叹说："不到园林，怎知春色如许！"在

第十出"惊梦"中，丽娘真正感受到花园里着实景色撩人："原来姹紫嫣红开遍，似这般都付断井颓垣。良辰美景奈何天，赏心乐事谁家院。……朝飞暮卷，云霞翠轩。雨丝风片，烟波画船。锦屏人忒看的这韶光贱。"如此迷人的园林美景，成了杜丽娘情发、情痴、情遂的典型环境。美丽的花园也唤醒了杜丽娘的青春和内心的情感冲动，于是在梦中与意中人相遇、相爱，从而演出了一场惊天动地的因梦生情、因情而死、死而复生的爱情故事。

戏剧对情、景的要求很高，而戏剧的舞台演出又限制了空间场景的描述，于是，花园情景只有通过演员的唱词才能充分显现出来，这样就促成了景物和人物的自然融合，也令观众不仅能感受到花园的美景，也能感受剧中人被花园唤醒的自我情怀。《牡丹亭》中有大量为园林家所津津乐道的经典唱词，词中唱出了景，也唱出了情：

〔步步娇〕袅晴丝吹来闲庭院，摇漾春如线。停半晌，整花钿，没揣菱花，偷人半面，迤逗的彩云偏。我步香闺怎便把全身现？（第十出"惊梦"）

〔醉扶归〕你道翠生生出落的裙衫儿茜，艳晶晶花簪八宝钿；可知我一生儿爱好是天然？恰三春好处无人见，不提防沉鱼落雁鸟惊喧，则怕的羞花闭月花愁颤。（第十出"惊梦"）

〔好姐姐〕遍青山啼红了杜鹃，荼蘼外烟丝醉软。……牡丹虽好，他春归怎占的先？成对儿莺燕呵。闲凝眄，生生燕语明如翦，呖呖莺歌溜的圆。（第十出"惊梦"）

〔隔尾〕观之不足由他缱，便赏遍了十二亭台是枉然，倒不如兴尽回家闲过遣。（第十出"惊梦"）

〔山桃红〕则为你如花美眷，似水流年。是答儿闲寻遍，在幽闺自怜。（第十出"惊梦"）

〔懒画眉〕最撩人春色是今年，少甚么低就高来粉画垣，原来春心无处不飞悬。（第十二出"寻梦"）

〔江儿水〕偶然间心似缱，梅树边，这般花花草草由人恋。生生死死随人愿，便酸酸楚楚无人怨。待打并香魂一片，阴雨梅天，守的个梅根相见。（第十二出"寻梦"）

〔破齐阵〕径曲梦回人杳，闺深珮冷魂销。似雾濛花，如云漏月，一点幽情动早。怕待寻芳迷翠蝶，倦起临妆听伯劳，春归红袖招。（第十四出"写真"）

〔倾杯序〕宜笑，淡东风立细腰，又以被春愁着。谢半点江山，三分门户，一种人才，小小行乐，撚青梅闲厮调。倚湖山梦晓，对垂杨风袅。忒苗条，斜添他几叶翠芭蕉。（第十四出"写真"）

〔玉芙蓉〕丹青女易描，真色人难学。似空花水月，影儿相照。（第十四出"写真"）

〔北尾〕杜陵寒食草青青，羯鼓声高众乐停。更恨香魂不相遇，春肠遥断牡丹亭。千愁万恨过春时，人去人来酒一卮。唱尽新词欢不见，数声啼鸟上花枝。（第五十五出"圆驾"）

还有在第二十六出"玩真"中亦有"芭蕉叶上雨难留，芍药梢头风欲收。画意无明偏着眼，春光有路暗抬头"的精彩道白。剧中人运用婉转悠扬的唱段和道白，不仅描绘出纯真柔美的爱情追求，而那座雅淡幽美、清新隽永的后花园，也给无数的痴男怨女留下了难尽的缕缕情思。

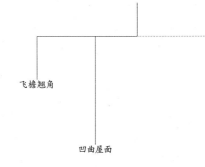

如翚斯飞

飞檐翘角

凹曲屋面

"如翚斯飞",初见《诗经·斯干》:"筑室百堵,西南其户……如跂斯翼,如矢斯棘,如鸟斯革,如翚斯飞,君子攸跻。"这本是一首庆贺宫室落成的诗。"如翚斯飞"形容的就是宫室屋顶如鸟翼伸展般轻逸俏丽。朱熹《诗集传》解释说:"其檐阿华采而轩翔,如翚之飞而矫其翼。"

北京四合院屋顶

　　传统的中国建筑,屋顶弯弯是一个很形象的外部特征。有人比喻说,正如东方人和西方人的主要特征差异集中在头部一样,作为房屋建筑之首的屋顶,也集中反映出中国建筑与西方建筑的不同风韵。换句话说,中国建筑基本上是以屋顶为主的建筑。古籍中描绘建筑屋顶的成语名句很多。《诗经》中咏唱的"如翚斯飞"是我国春秋时代的屋顶形象;《二都赋》所写的汉长安殿屋顶"上汉宇以盖戴,激日景(影)而纳光";《景福殿赋》中也有"伏应龙于反宇"的描述;《阿房宫赋》中更有"檐牙高啄……钩心斗角"之名句。"风云一变再变又再变,屋顶依旧弯弯遍九州。"(《不只中国木建筑》)直到明清,日益完善的凹曲屋顶,始终在祖国的"天空中勾画着充满魅力的弧线"。

　　中国建筑中的飞檐翘角和凹曲屋面的成因,学者们的议论和揣测很多:其于功能、幕帐痕迹、构造起源、模仿树形、为了美观……不胜枚举。建筑学家梁思成先生给出的答案却是:"建筑之始,产生于实际需要,受制于自然物理,非着意创制形式,更无所谓派别。其结构系统,及形式之派别,乃其材料环境所形成。"(《中国建筑史》)中国传统建筑所采用的屋顶结构,用材短,好选材,易装嵌,同时又能将重力分散,于是就形成了"又要屋顶大,又要撑得稳"的合理结构形式,即逐步上升/下降的屋顶桁架结构。这样做的最后结果就是"如翚斯飞"。

　　延续了数千年历史的"如翚斯飞"大屋顶,虽然基本的结构形式未变,但中国的建筑家们却从未把房屋最高部分的重要性降低,总是想方设法使屋顶变得更加美丽,因为只有屋顶才能表达建筑的原本状貌。当然,万变不能离其宗,违其礼,于是就形成具有不同伦理品格的屋顶形式，比较重要的有五种：庑殿顶、歇山顶、悬山顶、硬山顶、攒尖顶。其中，四面坡的庑殿顶式样是伦理品位最为尊贵显赫的大屋顶，只有皇宫的朝仪大殿和太庙的正殿才可以使用，如北京故宫的太和殿和曲阜孔庙的大成殿。排名稍低的歇山顶多为达官贵人府第和重要建筑物所采用，其构造远比庑殿式复杂，它有九条屋脊，故俗称九脊顶。只有两面坡的悬山顶和硬山顶式样，是普通民间建筑的常用形制，外形既简单又平易。多条屋脊集于一点的攒尖顶式样，是一种形象较为活泼幽雅的屋顶形制，小型的多见于亭，有揽景会心之妙；大型者亦见于宫殿和坛庙，有高耸势昂之趣。

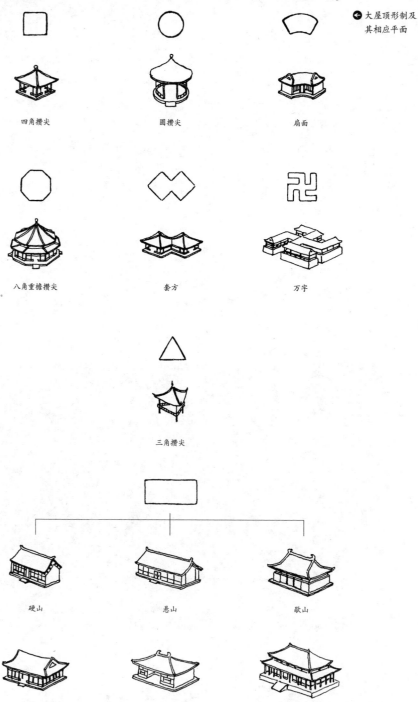

四角攒尖

圆攒尖

扇面

八角重檐攒尖

套方

万字

三角攒尖

硬山

悬山

歇山

卷棚歇山

庑殿

重檐庑殿

安营扎寨

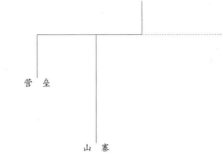

营垒

山寨

"安营扎寨"，亦作"安营下寨"，寨：防卫用的栅栏，引申指军营。元无名氏《隔江斗智》："据我老三料这周瑜匹夫，累累兴兵来索取俺荆州地面，如今在柴桑渡口安营扎寨，其意非小。"《三国演义》第十一回："操曰：'吾料吕布有勇无谋，不足虑也。'教且安营下寨，再做商议。"

　　寨的原始本义是指用木栅栏或篱笆围作的羊圈和牛栏，后引申指军营或村落。古代两军对垒，各有营地。《六韬·虎韬·军略》："卫其两旁，设营垒，则有天罗、武落、行马、蒺藜。"也就是说，营地四周要设置防御性的临时构筑物。以拦阻人马通行。最为常见的做法是用坚实粗壮的木栅栏来围筑营地，并置以营门，里面张军帐、筑营房。当然，也有另类的临时性军事设施。《周礼·天官》中有"设车宫、辕门"的记载，汉郑玄注：当时在行军驻扎地区周围，"次车以为藩，则仰车以其辕表门"，意即用战车连接起来作为临时的垣墙，出入口处两车相对，两车辕相向仰起，称为"辕门"，是为最早的军营大门，后来，辕门就成为领兵将帅的营门。此外，秦汉之际还出现过临时的战地土城。楚霸王与汉刘邦夹"广武涧"各筑一城，即"汉王城"和"霸王城"。据《资治通鉴》记载，广武有二城，西城汉所筑，东城项羽所筑，夹城之间有绝涧断山，曰广武涧。二城遗迹在今河南荥阳北二十五公里处。城寨依自然地形而筑，就地取材，范围也不大，里面只驻扎军队，不住百姓。

　　在两军对峙的战场安营扎寨，仅仅是为某次战争服务，战事一结束，营寨即告荒废。但也有永固性的"安营扎寨"，历史上有过不少踞山为寨的绿林好汉和江湖义士，他们选择形势险峻的山峦重地构筑"山寨"，作为对抗官军的防卫根据地。比较著名的如隋朝末年的瓦岗军，就是以瓦岗寨（今河南滑县南）为根据地与朝廷经久对峙；又如，安徽宿松县城北有白崖寨，寨围周 9 公里，寨墙高 4～5 米，有寨门四座，由元末皖鄂边境四十八寨义民首领之一吴士杰所建。据《宿松县志》："元末义民吴士杰，率众垒寨御寇，依东峰、西峰、北岭，各以为营，间列市肆。唯营峰悬一线，峭壁摩天，有坦处仅可插屋数椽，窄径凌空，飘崖百仞。"足见当时此寨风貌。更为人们所熟知的"梁山泊"（在今山东梁山县东南），因《水浒传》一书行世而遐迩闻名。北宋末年宋江领导的农民起义就曾以此为根据地来抗拒官军，山上有多处水浒故事遗迹。主峰虎头峰上的"宋江寨"，有巨石垒成的双重寨墙，寨中央有"聚义厅"遗址，厅旁突起的巨石上有石窝，传为义军树立"替天行道"杏黄旗的旗杆石，寨北的"黑风口"为天然寨口，两侧悬崖峭壁，深谷绝涧，乃通宋江寨咽喉；寨外的山阴还辟有义军内眷居住的"后寨"。有关这处山寨的建构格局，小说《水浒全传》亦有精彩描绘："林冲看岸上时，两边都是合抱的大树，半山里一座断金亭子。再转将过来，见座大关，关前摆着枪、刀、剑、戟、弓、弩、戈、矛，四边都是擂木炮石……又过了两座关隘，方才到寨门口。林冲看见四面高山，三关雄壮，团团围定；中间里镜面也似一片平地，可方三五百丈；靠着山口，才是正门，两边都是耳房。"（第十一回）"宋江在火光下看时，四下里都是木栅，当中一座草厅，厅上放着三把虎皮交椅，后面有百十间草房。"（第三十二回）

　　寨的防御性功能也被自然引申到人居村落的构建之中，在我国西南少数民族聚居的僻地山野，多有以保卫性为特征的古代村寨。素有"黔之腹，滇之喉，粤蜀之唇齿"美誉的山城安顺，就是贵州中部一处有名的屯堡村寨密集之地，聚居在这片土地的主人，大都是明代屯戍此地将士的后裔，所以被称为"屯堡人"。藏匿在神秘大山深处的屯堡村寨多达 300 余个，赫赫有名的"云峰八寨"本寨、云山屯寨、九溪村寨，如今已是游客纷至沓来的胜地，其中最大的九溪村寨，人称"屯堡第一村"，素来有"九溪是座城，只比安平（平坝县城）少三人"之说。在这些村寨中至今还完整保留着充满古韵的峡谷屯门、巍巍城楼和蜿蜒的石构寨墙。另如，有"川西第一庄园"之称的曾家寨子庄园，位于川西平原的金堂县姚渡乡和秀水乡，建造于清代中叶，由曾家老寨、曾氏上新寨、曾氏下新寨和曾家寨组成。其中面积最大的曾家寨占地 60 亩，寨外有壕沟、石栏环绕，四角筑有碉堡，寨门前有镀金石狮一对，进门竖立大型石影壁，寨内有 6 个拱门、6 进院落、6 座花园，房屋多达数百间。十分可惜的是，如今除曾家老寨和曾氏上新寨尚有部分残存外，其余已不复存在。

在宋代，寨还曾一度作为戍边的军事单位，隶属于州或县。现今的广东珠海、中山以及其毗邻地区，北宋元丰年间就曾在此置香山寨，并设寨官，招收士军，阅习武艺，以防盗贼。又如，在小说《水浒全传》第三十三回提到一处名叫清风寨的地方，"离青州不远，只隔得百里来路"，它就是曾隶属于古青州府的青州寨，"前边有个小寨，是文官刘知寨住宅；北边那个小寨，正是武官花（荣）知寨住宅。"

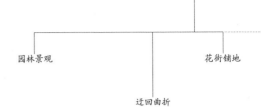

曲径通幽

园林景观　　　　　　　　花街铺地

迂回曲折

"曲径通幽"，出自唐诗人常建《题破山寺后禅院》诗："清晨入古寺，初日照高林。曲径通幽处，禅房花木深。山光悦鸟性，潭影空人心。万籁此俱寂，但余钟磬音。"这首禅味浓重的诗，把一座小型寺观园林的幽深意境描述得极具韵味，因而历来广为传诵。不过，常建这首诗中的"曲径"原本为"竹径"，但在流传过程中却逐渐被"曲径"取而代之，一字之差，道出的则是先人以曲为美的艺术趣味。"曲径通幽"的精妙之处就在"曲径"，沿小径慢行而产生的幽奥境界，深而曲，清而寂。这个特别适用于表现园林意境的成语，不仅成为园林的重要美学特征，而且也成为古今造园之要则。

➲ 曲径

古称小路为径。清王筠《说文句读》释"径"为"步道也。不容车也"。路在园林多是"步道"，故而称之为路径或径。径具有天然造化之趣，而现代园林中的径则多被称为园路，野趣不在，反得尘世浊气之味。

径是路的初始形态，而径又是人走出来的。先民从最初的露宿野处，逐步在河谷平原构筑自己的安乐窝，就已经在用自己的劳动开拓着一条又一条四通八达而又崎岖曲折的小路。鲁迅说："地上本没有路，走的人多了，也便成了路。"人和路是互相塑造的。可见路径的"崎岖曲折"也正是导引造园家创作园林路径的基本依据。

径在园林中是交通线，也是风景线。园林景观，是一幅幅"立体的画"，游人通过视觉的流动，方能品赏画面之美。而实现这种流动的纽带就是路径，所以它是联系园林景观的导引线。园林艺术效果中的所谓"峰回路转"、"曲径通幽"、"柳暗花明"皆源于此。《红楼梦》中的大观园，入门便是一条蜿蜒曲折的"羊肠小径"，题曰"曲径通幽"。现存的北京恭王府花园，入门的第一景也是"曲径通幽"。

路径之美，妙在迂回曲折。明人程羽文有所谓"径欲曲、桥欲危、亭欲朴"之警言（《清闲供》）。计成的《园冶》亦有"不妨偏径，顿置婉转"和"随形而弯，依势而曲"的说法。李渔在《闲情偶寄》中也说："径莫便于捷，而又莫妙于迂。凡有故作迂途，以取别致者，必另开耳门一扇，以便家人之奔走，急则开之，缓则闭之，斯雅俗俱利，而理致兼收矣。"一般道路与园林路径的最大不同就在于：

前者要求"莫便于捷",而后者则讲究"莫妙于迂"。何以如此? 其关键点在于：错落多变的园林景象,在透视上令路径背景得以相互遮掩,从而令园景左右逢源,步移景异,以免除一览无余之弊端。同时,路径的迂回曲折也有延缓游客视眼、延长游览行程之功效,使有限的园地平添无限风光。曲径是古代诗词联语中颇为常见的一种境界。如"绿竹入幽径,青萝拂行衣。"(李白)"花圃萦回曲径通,小亭风卷绣帘重,秋千闲倚画桥东。"(李结)"烟霞万壑,记曲径幽寻,霁痕初晓。"(张炎)"芝径缭以曲;云林秀以重。"(中南海大圆镜中殿联)"境因径曲诗情远;山以林稀画帧开。"(北海邻山书屋联)"径曲致因静,檐虚趣转舒。"(乾隆咏圆明园含清阁诗)"蹬以曲致佳,道实近若远。"(乾隆咏避暑山庄路径诗)诗人、词家对曲径美的感受,说的都是一个道理：只有"曲径"方能"通幽"。

　　路径之美,还在于它的路面铺装。《园冶》中说："如路径盘蹊,长砌多般乱石,中庭或宜叠胜,近砌亦可回文。八角嵌方,选鹅子铺成蜀锦；……花环窄路偏宜石,堂回空庭须用砖。……园林砌路,作小乱石砌如榴子者, 坚固而雅致, 曲折高卑, 从山摄壑, 惟斯如一。有用鹅子石间花纹砌路, 尚且不坚易俗。……鹅子石, 宜铺于不常走处……乱青版石, 都冰裂纹, 宜于山堂、水坡、台端、亭际。"《长物志》中也说:"驰道广庭, 以武康石皮砌者最华整。花间坏侧, 以石子砌成。或以碎瓦片斜砌者, 雨久生苔, 自然古色。"这里列举的诸如乱石路、鹅子地、冰裂地等, 都是用砖、瓦、石等材料铺砌而成, 人们称这样的园路为"花石子路"或"花街铺地"。通常的做法是:用侧放的小板砖及布瓦勾勒出图案的基本轮廓线, 当中用色彩不同的卵石、碎瓦、碎瓷片、碎玻璃、碎缸片做有规律的填充, 根据材料特点和规格大小进行各种艺术组合, 其形式不胜枚举。图案的内容一般为山水人物、花鸟鱼虫、历史掌故、民间传说等。常见的形式有用纯砖瓦组合的席纹、人字纹、斗纹等;砖和碎石组合的"长八方式", 砖和鹅卵石组合的"六方式", 瓦和鹅卵石组合的"球门式"、"软锦式"以及砖瓦、鹅卵石和碎石组合的"冰裂梅花式"等。北京故宫御花园内的花石子路可以说是园路铺装艺术的大荟萃, 其华贵富丽无可比拟。颐和园中的"九道弯"(玉澜堂至乐寿堂湖边)和"中御路"(连接万寿山上下的砖石甬道), 也都是路径中上乘之作。

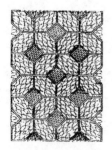 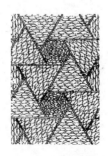  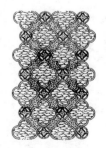

百花齐放

花　园

名果异卉

"百花齐放"，百花:泛指各种花卉;齐:同时。成百种花卉同时盛开，万紫千红，

争奇斗艳。清李汝珍《镜花缘》第三回:"百花仙子只顾在此著棋，哪知下界帝王忽有御旨命他百花齐放。"清褚人获《隋唐演义》第二十八回:"陛下要部寂寞，有何难哉! 妾等今夜虔祷天宫，管取明朝百花齐放。"清无名氏《〈帝城花样〉自序》:"百花齐放，皇州春色，尽属春官矣。"

　　花是大自然的骄子，也是上天赋予这个世界最美的点缀。盛开的鲜花以特有的风姿和神韵而博得世人爱怜。赏花爱花，莳花咏花也就成了人之常情。明传奇剧本《牡丹亭》第十二出"寻梦"中，杜丽娘有一句有名唱词:"最撩人春色是今年"，词中所言"春色"在哪里?"满园春色关不住，一枝红杏出墙来。"(叶绍翁) 春在枝头，色在花里。正因为有了"满园春色"，才令来到自家后花园的杜丽娘为之陶醉，为之感叹:"不到园林，怎知春色如许! "可见，享受莳花之乐的最好处所莫过于园林。花与园林有着天作之合。

　　园林有一个别称叫"花园"，说明它离不开花。"所以早期的一般概念认为'花园就是赏花之园'，延至今日存在这种概念也是难免的。"(余树勋《花园设计》)早在 20 世纪 30 年代，一位曾四次来中国考察、引种奇花异木的英国植物学家恩斯特·亨利·威尔逊(Ernest Henry Wilson)出版了一本名为《中国·花园之母》的书，他以自己的翔实论证和亲身感受，盛赞"中国的确是花园的母亲"。从许多历史文献的记述中不难看出:中国古典园林从它的滥觞期开始就和花结下不解之缘。《三辅黄图》记，汉武"帝初修上林苑，群臣远方，各献名果异卉三千余种植。"其中把品种如此之多的"名果异卉"汇于一园，在世界古代园林中是罕见的。唐代名相李德裕和裴度的宅园"平泉庄"和"绿野堂"，也以其花草木石之胜而闻名遐迩。以"卉木台榭，若造仙府"的"平泉庄"为例，李德裕为营构宅园四处搜求当地稀缺的奇花异木，还亲撰《平泉山居草木记》，并书刻于石，文中备述各种花木的名色和来历。在以绮丽纤巧、清新活泼为特征的宋代写意园林中，一个重要表现就是追求情韵意

趣的花卉园艺。奇花异卉的栽培和欣赏在当时蔚然成风，出现了不少以搜集、种植各种观赏花木为主的园圃，其中尤以洛阳私园最为有名，李格非《洛阳名园记》载"洛中园圃花木有至千种者"，其中有关"天王院花园子"的记述中谓："洛中花甚多种，而独名牡丹为花王。凡园皆植牡丹，而独此名'花园子'，盖无他池亭，独有牡丹十万本……"及至明清园林，花木的写意构境效果就更为突出。我们从明张岱《陶庵梦忆》中对"不二斋"的描述中，即可探得个中妙趣："不二斋，高梧三丈，翠樾千重，墙西稍空，腊梅补之，但有绿天，暑气不到。后窗墙高于槛，方竹千竿，潇潇洒洒。……夏日，建兰、茉莉芗泽浸入，沁人衣裙。重阳前后，移菊北窗下，菊盆五重，高下列之，颜色空明，天光晶映，如沈秋水。东则梧叶落，腊梅开，暖日晒窗，红炉氍蹬，以昆山石种水仙列阶趾。春时，四壁下皆山兰，槛前芍药半亩，多有异木。"在名园叠兴和"满园春色关不住"的大量明清园林中，造园家利用我国丰富的花卉资源和奇花异卉，创造了一系列园林美景。如避暑山庄中的梨花伴月、曲水荷香、金莲映日、

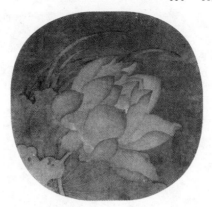

清吴振武所绘
荷花

兰花

矮牵牛

冷香亭、采菱渡、观莲所、苹香泲；圆明园中的曲院风荷、杏花春馆、映水兰香；颐和园中的玉兰堂；恭王府花园中的紫兰庭、海棠馆等；在江南园林中，苏州拙政园有海棠春坞、远香堂、荷风四面亭、十八曼陀罗花馆；网师园有小山丛桂轩；狮子林有暗香疏影楼；扬州瘦西湖有桃花坞、桂花厅；广东顺德清晖园有玉堂春等。小说《红楼梦》中构建的大观园，更是一座花团锦簇、色彩斑斓的百花园，内中配置的各种花草、藤蔓多达 130 余种，因花而成的景观、景点亦有数十种，如荼蘼架、木香棚、梅花庵观、芍药圃、蔷薇院、芭蕉坞、蘅芜苑、藕香榭、梨香院等，作者对花用情之多，在古今中外文学作品中都是空前绝后的。

花卉之在园林，是非常重要的造景素材。造园者依据花卉的生物特性，包括它的丽姿美态、娇艳色彩、馥郁芳香、天籁清音，创造出异彩纷呈的花卉景观。清人陈淏子辑《秘传花镜》一书，曾对不同花卉的"种植位置"有过公认的经典总结，现择要如下："牡丹、芍药之姿艳，宜玉砌雕台，佐以嶙峋怪石，修篁远映。梅花、蜡瓣之标清，宜疏篱竹坞，曲栏暖阁，红白间植，古干横施。水仙、瓯兰之品逸，宜磁斗绮石，置之卧室幽窗，可以朝夕领其芳馥。桃花妖冶，宜别野山隈，小桥溪畔，横参翠柳，斜映明霞。杏花繁灼，宜屋角墙头，疏林广榭。梨之韵，李之洁，宜闲庭旷圃，朝晖夕蔼；或泛醇醪，供清茗以延佳客。榴之红，葵之灿，宜粉墙绿窗；夜月晓风，时闻异香，拂尘尾以消长夏。荷之肤妍，宜水阁南轩，使熏风送麝，晓露擎珠。菊之操介，宜茅舍清斋，使带露餐英，临流泛蕊。海棠韵娇，宜雕墙俊宇，障以碧纱，烧以银，或凭栏，或欹枕其中。木樨香胜，宜崇台广厦，挹以凉飔，坐以皓魄，或手谈，或啸咏其下。紫荆荣而久，宜竹篱花坞。芙蓉丽而闲，宜寒江秋沼。松柏骨苍，宜峭壁奇峰。藤萝掩映，梧竹致清，宜深院，好鸟闲关。芦花舒雪，枫叶飘丹，宜重楼远眺。棣棠丛金，蔷薇障锦，宜云屏高架。"不同生物属性创造异样花卉景观，各得其所，各臻其胜，此乃莳花植卉之首要。

➔ 桃花

　　花卉之在园林，又是喻人寄情的重要手段。自古以来，人们就视花木为有生命的"活物"，在不同风姿个性的花木身上倾注了深沉的情感，并赋予种种人格属性。如，人所共知的花中四君子："梅，剪雪裁冰，一身傲骨；兰，空谷幽香，孤芳自赏；竹，筛风弄月，潇洒一生；菊，凌霜自得，不趋炎热。合而观之，有一共同点，都是清华其外，淡泊其中，不作媚世之态。"（梁实秋《四君子》）又如，被古人列为花中十友："昔人有花中十友：桂为仙友，莲为净友，梅为清友，菊为逸友，海棠名友，荼蘼韵友，瑞香殊友，芝兰芳友，腊梅奇友，栀子禅友。"（明陈继儒《小窗幽记》）清人张潮在《幽梦影》中的评说更为精彩："梅令人高，兰令人幽，菊令人野，莲令人淡，春海棠令人艳，牡丹令人豪，蕉与竹令人韵，秋海棠令人媚，松令人逸，桐令人清，柳令人感。"他甚至把花与人一一对应称为知己："天下有一人知己，可以不恨。不独人也，物亦有之。如菊以渊明为知己，梅以和靖为知己，竹以子猷为知己，莲以濂溪为知己，桃以避秦人为知己，杏以董奉为知己……荔枝以太真为知己，茶以卢仝、陆羽为知己，香草以灵均为知己，莼鲈以季鹰为知己，蕉以怀素为知己……一与之订，千秋不移。"造园者利用被人格化的花卉，广泛采用诗画艺术习用的比拟、联想等手法来构建园林景点的主题意境，并使之成为具有审美价值的园林景观，以表达构园者借花卉寄情、以花卉言志的造景意图。细观古今名园，凡以花点题者莫不与其"人化"品格连在一起，现以园林中常见的菊、梅、莲、兰、海棠为例："菊以渊明为知己"，晋陶渊明辞官归田后，"采菊东篱下"，从此，菊花的品性，已经和陶公的人格融为一体：高傲、雅洁、隐逸。于是，菊花被称为"陶菊"，菊花圃被称为"东篱"。六朝园林中有沈约园，园中有专植菊花的庭院："蔓长柯于檐桂，发黄华于庭菊。"（沈约《郊居赋》）另有何点所筑"东篱门园"，也是编篱种菊，以效陶令当年。"梅以和靖为知己"，指的是北宋林和靖隐居杭州孤山，植梅养鹤，后人谓之"梅妻鹤子"，他的咏梅名句："疏影横斜水清浅，暗香浮动月黄昏"，素为世人叫绝。造园者为彰显林和靖的幽雅脱俗，品赏

人来山馆霁雨过杏花开独惜春风意

年落碧苔

项圣禔筆

梅花的"疏影"和"暗香",多采用在梅花丛中建构小亭,并在亭顶饰以仙鹤,如杭州西湖的放鹤亭、苏州香雪海的梅花亭等。"莲以濂溪为知己",指的是以"濂溪"自号的宋代理学家周敦颐,他筑室庐山莲花峰下小溪上,自称"予独爱莲之出淤泥而不染,濯清涟而不妖,中通外直,不蔓不枝,香远益清,亭亭净植,可远观而不可亵玩焉。"(《爱莲说》)"净"字当头,以喻"莲为净友",真可谓是"花解人意两相知";如承德避暑山庄的香远益清、北京圆明园的濂溪乐处、苏州拙政园的远香堂、浙江南浔小莲庄的净香书窟等。"香草以灵均为知己"，这里的"香草"即指兰花，"灵均"即屈原。屈原爱兰，他在《离骚》中七次写兰，并以香草喻美人，还自称是养殖兰花的大户："余既滋兰之九畹兮，又树蕙之百亩。"兰花幽香清雅，素有"国香"、"香祖"之誉，孔子更称它是"王者之香"。园林中以兰构景，为的就是增添雅趣，播散幽香，也比喻姿貌秀美、才华出众之人。晋王羲之等禊集兰亭，因有"兰渚"一景，"幽兰被壑，芳杜匝阶"，今绍兴兰亭之右军祠尚有一方兰圃；苏州拙政园内有玉兰堂，昔为文征明作画之所，堂前植玉兰，是画家品格的写照。说到海棠，它素艳动人，娇媚却不娇气，是苏东坡的所爱："嫣然一笑竹篱间，桃李满山只粗俗"，他以花拟人，总担心海棠"只恐夜深花睡去，故烧高烛照红妆"；《红楼梦》中的大观园里有"海棠诗社"，宝玉房间摆放的是海棠，黛玉的《咏白海棠》诗云："半卷湘帘半掩门，碾冰为土玉为盆。偷来梨蕊三分白，借得梅花一缕魂。"苏州拙政园内有一处以海棠为独立欣赏对象所设的景点，题名"海棠春坞"，虽然仅两株海棠，一丛翠竹，但铺地图案全为海棠花纹，令人犹如置身海棠花丛之感。

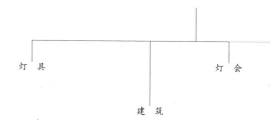

张灯结彩

灯具　　　　　　　　　　灯会

建筑

"张灯结彩"，出自《三国演义》第六十九回："告谕城内居民，尽张灯结彩，庆赏佳节。"张：陈设。结：结扎，系。彩：彩绸。词义为"挂灯笼，系彩绸"，形容节日或有喜庆事情的繁华景象，亦作"悬灯结彩"。《红楼梦》第七十一回："两府中具悬灯结彩，屏开鸾凤，褥设芙蓉；笙箫鼓乐之音，通街越巷。"

● 河北满城出土的西汉长信宫灯

　　古之灯具以质料区分，有陶灯、玉灯、铜灯和瓷灯数种，其中以豆形陶灯历史最长，使用也最为普遍。玉灯的最早实物是战国时的"勾莲纹青玉灯"，器由三块玉料分作灯盘、把手和足座黏合而成，其中灯盘呈圆形，把手上部作玉兰花形，下部呈柱形，足座呈覆盘形，造型典雅，制作精美，堪称绝品。文物中的青铜灯亦显于战国，其中最具异彩的是出土于河北平山中山王墓的"银首俑形灯"和"十五连盏灯"，俑形灯通高 66 厘米，在一个带有兽纹的方形底座上，立有一镶着银质人头的青铜男俑，身着带襟、宽袖、长袍服饰，两臂张开，双手握着由"螭"（传说中的一种无角龙）装饰而成的灯柱，并连接三个左右并列、高低错落的灯盘，人俑双眼用两颗黑宝石镶嵌而成，造型生动而富有情趣。十五连盏灯通高 82.9 厘米，造型犹如一株枝繁叶茂的"灯树"，以笔直的竖杆为中心，伸出向上弯曲的七层共十四条"枝杈"，每条枝杈的头部都托着灯盏，连同最顶端的一个共有"十五枝灯"。灯枝上还栖息着一群嬉戏的猴子，和两只啼鸣的小鸟，灯树下两个仰面裸背的奴仆正在翘首抛食，充满了一种盎然生机。至秦汉时，灯的式样更加争奇斗巧，不仅有简朴实用的豆形灯、卮形灯，也有造型精美的人形灯、兽形灯、鸟形灯、盒形灯、组合灯、雁足灯、翻转灯等。出土于河北满城汉墓的长信宫灯，可谓是古代知名度最高的灯具，它因原置于汉文帝皇后所居的长信宫而得名。灯体作宫女跪坐持灯状，通体镏金，高 48 厘米，灯盘可以自由转动，灯罩可以随意开合，甚至连宫女的头部和右臂都能拆卸。整个灯具设计精巧，工艺高超，造型优美，是汉代青铜器中的稀世珍品，出土后曾多次出国展览，并走上了我国邮票画面。西晋以后，由于青瓷器的普遍使用，各种造型华美、釉色莹明的瓷灯开始流行，及至隋唐，铜灯已完全为瓷灯所替代。

借助灯火驱赶漫漫长夜，是灯的初始功能。人在夜间的活动是以建筑为中心的，所以灯具又必然与建筑联系在一起。《仪礼》云："宵则庶子执烛于阼阶上，司官执烛于西阶上，甸人执大烛于庭，阍人为大烛于门外。"春秋时期的住宅有墙垣相围，前部有门，门内有院，院北是建在高台上的房屋主体建筑，分别由堂和室两部分组成，堂在前，室在后，堂前筑有两道阶梯，分别称东阶、西阶。阼阶即堂

前东阶，古代宾主相见，宾升至西阶，主人立于东阶。东阶、西阶、庭院及门外，分别由不同身份的人执烛，这不只是古代的点灯礼节，也说明灯与建筑的密切关系。随着古代灯式的日益丰富多彩，灯具的用途也因所处位置不同而各有分工：悬在空间的是吊灯，挂在墙上的是壁灯，摆在地上的是落地灯，置于几案的是座灯。其中与建筑关系最为密切的是吊灯，而吊灯中最有名气的则是宫灯。宫灯因诞生于皇宫而得名，通常是用优质硬木作框架，周身嵌绢画挂在梁上，既是照明灯具，又是建筑中的点缀，令室内的装饰效果平添了诸多情趣。宫灯进入民间，在世俗化的过程中则逐渐演变成为彩灯，而且还营造出一个以张挂灯彩为内容的灯节，从而形成了绵延千年的元宵张灯、观灯的传统民俗。作为元宵灯节的专用彩灯，又称花灯，其制作工艺始于秦汉，形成于隋唐，至宋代已日趋平民化。晋葛洪《西

⊙ 河北平山出土的战国银首俑形灯

京杂记》记："高祖入咸阳宫，周行库府，金玉珍宝，不可称言，其尤惊异者，有青玉五枝灯，高五寸，作蟠螭，以口衔灯，灯燃鳞甲皆动，焕炳若列星之盈室焉。"说明汉时的灯彩已备极精巧。唐张鷟《朝野佥载》记："玄宗先天二年正月十五、十六夜，于京师安福门外作灯轮，高二十丈，衣以锦绮，饰以金玉，燃五万盏灯，簇之如花树。"宋代彩灯更是空前繁荣，宋孟元老《东京梦华录·元宵》记："至正月七日，人使朝辞出门，灯山上彩，金碧相射，锦绣交辉。"彩灯的品种亦繁复多样：有"方圆丈余，内烧椽烛"的灯球；有"以纸灯内置关捩，放地下，以足沿街蹴转之"的滚灯；有置于水面的水灯；有用五色珠子装饰而成的珠子灯；有以碎罗红白相间，剪缕百花万眼的眼罗灯；有用白玉做成的福州灯；有用五色琉璃制成的苏灯；另外还有卵灯、篦丝灯、羊皮灯、马骑灯、字灯、镜灯、坐车灯、影灯、日月灯，等等。至明清，彩灯的制作技艺更加高超，清顾禄《清嘉录》记："腊后春前，吴趋坊、申衙里、皋桥、中市一带，货郎出售各色花灯，精奇百出。……其巧则有玻璃球、万眼罗、走马灯、梅里灯、夹纱灯、画舫、龙舟，品目殊难枚举。"

明清两代，张灯又日渐成为园林中的一桩盛事。据清潘荣阶《帝京岁时纪胜》中所述，清顺治年间，在中南海万善殿，"每岁中元，建盂兰道场，自十三日至十五日放河灯；使小内监持荷叶，燃烛其中，罗列两岸，以数千计；又用玻璃作荷花灯数千盏，随波上下；中流驾龙舟，奏梵乐……自瀛台南，过金鳌玉栋桥，绕万岁山（琼岛），至五龙亭而回。"清乾隆时成书的《日下旧闻考》中也提到中元节"西苑做法事，放河灯"。显然，这种在园林中"放河灯"的民间习尚，本渊源于佛寺举行的所谓"盂兰盆会"，是一项宗教活动，后被引入民间，其功能也随之扩大。除放河灯之外，盛于明清的另一园中灯彩就是张灯猜谜。元宵灯会、迎春灯会，既赏灯，又猜谜，谜条贴在灯上，射谜得中者皆有酬劳。清田汝成《西湖游览余志》记："正月十五为上元节，前后张灯五夜……好事者或为藏头诗句任人商揣，谓之猜灯。"曹雪芹在《红楼梦》第五十回对众姐妹在大观园惜春的卧室"暖香坞"雅制春灯谜的生动描写，亦可谓是兴致淋漓，妙趣横生。

陈从周先生在他的著作中曾多次谈到古代私家园林中的"张灯盛事"："古代园林张灯为盛事，私家园林有此举，文人墨客必以诗文记其盛，其著者如清初北京王熙怡园，稍后南京袁枚随园。怡园张灯屡见于当时朱彝尊辈诗文集中。而及至随园张灯尚艳称是举。随园张灯词：'谁倚银屏坐首筵，三朝白发老神仙（熊涤斋太史）；到看羊侃金花烛，此景依稀六十年。'"（《梓室余墨》）"文人题咏之盛，见于各家集中……而张灯一事，则更为谈赏园者所乐道，至乾隆间袁枚尚有诗及之。"（《园林谈丛》）清王源在《怡园记》中对"张灯"的描述极为倾人："又往往上元张灯，观者如登碧落，繁星烂漫，层霄无际，玻璃水碧，悬黎夜光，云堆霞涌，争辉吐焰，而烟火幻为重楼、复阁、山川、仙佛、灵怪；或悬灯珠贯，千百日月愈出，或浮屠、鸟兽、人物、琪花、瑶石，五色变化，恢奇眩怪，不可方物。而火树盘旋喷薄，龙腾凤矫，爆震如雷，碧火起空，团团如明月，与直上千尺，赤裒裒爆裂，如天蓓乱落者，俱以百数。"（《园综》）

园林张灯往往伴随着园中的各种晚间宴饮、纳凉、赏月等活动，在夜幕的笼罩下，唯有明亮而醒目的灯具能给人以更多的视觉享受，于是灯具也就自然成为园中争奇斗胜的装饰物。陈从周说："张灯是盛会，许多名贵之灯是临时悬挂的，张后即移藏，非永久固定于一地。灯也是园林一部分，其品类与悬挂亦如屏联一样，皆有定格，大小形式各具特征。"（《说园》）古代园林灯具的种类和造型甚多，明文震亨《长物志》记："闽中珠灯第一，玳瑁、琥珀、鱼魫次之，羊皮灯名手如赵虎所画者，亦当多蓄。料丝出滇中者最胜，丹阳所制有横光，不甚雅。至如山东珠、麦、柴、梅、李、花草、百鸟、百兽、夹纱、墨纱等制，俱不入品。灯样以四方如屏，中穿花鸟，清雅如画者为佳；人物楼阁仅可于羊皮屏上用之，他如蒸笼圈、水精球、双层、三层者，俱恶俗。篾丝者虽极精工华绚，终为酸气。曾见元时布灯，最奇，亦非时尚也。"作者对当时灯彩的评品真可谓精妙绝伦。

明清两代也涌现出不少才艺卓越的制灯名家。明之米万钟（字仲诏），尝构勺园于燕京城郊，"仲诏复念园在郊关，不便日涉，因绘图景为灯，丘壑亭台，纤悉俱备，都人士又诧为奇，啧啧称米家灯。"（《帝京景物略》）明人赋勺园诗说"米家灯是米家园"、"米家园是米家灯"，清人亦有"千金竞买米家灯"的诗句；明苏州名匠赵萼，用纸笺刻成竹、鸟兽之状，傅以彩色，并熔蜡纸涂于纸上，然后用轻绡夹之，人称夹纸灯；明扬州名匠包壮行用丝绸制作的彩灯，全国闻名，被称为包家灯；《桃花扇》的作者孔尚任曾写过一首题为《钮灯行》的诗，赞颂的是扬州另一位制作料丝灯的名家钮元卿的彩灯作品。更加别开生面，可资谈助的则有昔日圆明园的西瓜灯，近人郑逸梅所作《灯和园林》一文中写道："相传清同治帝，万事之

余，颇涉色之好。夏日，嫔妃银盘进瓜，同治啖而甘之，赐诸妃同尝，忽顾盼而谕诸妃，不妨以西瓜去瓤，雕镂为灯，精巧的赉赐珍物。翌日之晚，张宴圆明园，为赏灯之会。灯计数百具，中燃腊炬，绿沉沉的，非常悦目。灯有镂成十八罗汉的，有竹林七贤的，俱见功夫的细致。最叹为神妙的，为潇湘馆春困发幽情，馆有窗，垂有帘幕，帘纹纤若秋毫，黛玉娇困之态，从帘纹中隐约出之。不知其运用何法，才能逞其绝艺，帝大喜，果赏珍物累累。"

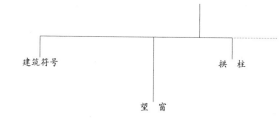

奉为圭臬

建筑符号　　　　　　　　　拱柱

望窗

"奉为圭臬",意思是信奉为依据的准则和法度。语见清钱涌《履园丛话》:"三公者,余俱常亲炙,奉为圭臬,何敢妄生议论。"鲁迅《坟·文化偏至论》:"久食其赐,信乃弥坚,渐而奉为圭臬,视若一切存在之本根。"

这种被信奉为"一切存在之本根"的"圭臬"究竟为何物,学界说法不一。一般认为:圭和臬都是古代测日影的器具,圭平卧,臬直立,圭和臬配套,可"揆日晷,验星文,陈圭臬,絜广轮。"(黄佐《乾清宫赋》)

另有一说:圭和臬本是古代一种建筑施工工具,用以定方向测水平。而圭臬的本源则是建筑史上最早的两个建筑"符号"。首先提出这一观点的学者是建筑学教授张良皋先生,他从破译浙江海宁汉墓的"圭"、"臬"符号,又结合古文献记载和古墓中存在的实物,从而追溯到圭臬的本源。于经有据,于史有证,自可"姑备一说"。

考古实物和古代文献,是了解古建筑上圭臬的两个重要途径。在已经发现的考古实物证实中,公元 1973 年于浙江海宁发现的一座汉代画像石墓最为重要,遗存器物颇丰,尤其是其中的大量画像石。古代建筑的墙上以圭臬为饰是很普遍的,它是两个建筑符号,也是两个建筑部件。学者张良皋先生曾经对浙江海宁发现的一座汉代画像石墓作出过破译:"对于建筑师来说,前后二室之间的隔墙会引起特殊兴趣。隔墙门之东,凿通一个'圆拱门状望窗',隔墙门之西,刻一'浮雕拱柱'。一左一右,十分触目。"学者张良皋先生认为,墓室隔墙上的两个被考古学家临时命名的所谓"圆拱门状望窗"和"浮雕拱柱",其实就是圭和臬(古文献中称之为"圭窦"和"榮柱")。"一圭一臬,颂扬墓主立身正直,可令世人'奉为圭臬'。"(引文参见张良皋著《匠学七说》之"三说圭臬"。下同)这两个建筑符号位于隔墙底部,其基本形状是:圭窦为上圆下三角,榮柱呈直立一斗三升状(如图示)。另外一些考古出土的汉墓明器上,也都有类似的圭臬符号,形象虽然与海宁汉墓存在差异,但其基本特征却是相同的,那就是:圭呈"圆孔"状,臬呈"直柱"状。

出现在古代干栏房屋墙上的这一"孔"一"柱"究竟作何而用？先说"圭窦"。古代人曾长期保持"席居"的生活状态，所以"圭窦是与席居配套的。圭窦的发明权属于干栏居民"。另外，它又"是与门配套的"。另有一则成语叫"筚门圭窦"，语见《礼记·儒行》："儒有一亩之宫，环堵之室，筚门圭窬，蓬户瓮牖。"筚门：柴门；圭窦同圭窬。《说文》段注："窬，门旁小窦也。"在封闭的门墙上开出一个并不显眼的圭孔，一下子就把外部世界引入内部空间，它不仅可以从室内窥视室外，还可利用圭孔与外部进行沟通，古语中的"窥窬（窦）"说的就是这个意思。此外，通风、采光、清扫……也都是圭窦的实际用途。再看"槷（臬）柱"。甲骨文中的"臬"字从自（鼻子）从木。鼻在人面之中，会意为"居中之木"。张良皋先生认为，臬"是门正中之橛或柱"。古文献上对臬的记载是："匠人建国，水地以县

（悬），置槷以县（悬），眡（视）以景（影）。"（《周礼·考工记》）汉郑玄和唐贾公彦均对《周礼》中的"槷"（臬）作过疏注，郑注曰："槷，古文臬，假借字。于所平之地中央，树八尺之臬，以县正之，眡之以其景，将以正四方也。"贾注曰："云'置槷'者，槷亦谓柱也。云'以悬'者，欲取柱之影，先须柱正；欲须柱正，当以绳悬而垂之。于柱之四角、四中，以八绳悬之，其绳皆附柱，则其柱正矣。"从《周礼》经文和郑、贾的疏注可以看出，古人从事建筑活动，都要在"所平之地中央，树八尺之臬"，为的是确定准确方位，以便求中，此其一。其二，为"取影"而"置槷（臬）"，为的是"柱正"。在这里，求中是核心。"人类建筑，稍具规模，就要'立中'，'置槷（臬）'。为此，臬成了'中'的化身。"

　　源于两个建筑符号的古代圭臬，在我国古代建筑中曾有过重要作用。历史上，"凡有大规模建置，圭臬之用，先于一切。《文选》梁陆佐公《石阙铭》：'乃命审曲之官，选明中之士，陈圭置臬，瞻星睽地，兴复表门，草创石阙。'"

孤云野鹤

仙　鹤

吉祥长寿

"孤云野鹤"，语出唐诗人刘长卿《送方外上人》诗："孤云将野鹤，岂向人间住？""孤云"指飘逸的云，"野鹤"指闲在的鹤。后用"孤云野鹤"喻指闲居野处，无拘无束、闲逸自在的隐士。宋陆游《孙余庆求披戴疏》："孤云野鹤，山林自属闲身；布袜青鞋，巾褐本来外物。"

　　说到鹤，其实是一个属称。通常所说的鹤一般指丹顶鹤，它繁殖在我国内蒙古、黑龙江等地的草原水际和沼泽地带，年年暮春北上，深秋南飞。它体羽白泽，丹顶赤目，赤颊青脚，修颈凋尾，高鼻长喙，燕胸凤翼，粗膝纤指，"凝丹为顶雪为衣"是其显著特征。丹顶鹤是被世界自然保护联盟组织列为最濒临灭绝的鸟类之一，目前全球仅存2200余只，其中，数量最多、种群最大的是中国，约1000只。为了保护丹顶鹤，我国已将其列入国家一级保护野生动物，并在东北和长江下游等地建立了自然保护区。在行将启动的我国国鸟评选中，丹顶鹤的呼声最高。

　　鹤是一种备受人们喜爱的珍稀禽鸟，所以历史上驯鹤、好鹤的故事很多。春秋时的卫懿公虽治国无心，却驯鹤有术。《左传》记："卫懿公好鹤，鹤有乘轩者。"轩即轩车，只有大夫才能享用，足见鹤的地位之高，鹤能坐车，肯定是驯养的鹤。吴王阖闾葬女时，曾经"舞白鹤于吴市"（《吴越春秋》），养鹤令其跳舞。鹤的豢养者中，最出名的当推晋代文人陆机和宋朝隐士林逋。晋时的由拳县华亭墅（今松江），泉清林茂，以产鹤著称，陆机经常邀好友在此饮酒赋诗，并乘着酒兴放飞自己驯养的丹顶鹤，以观鹤的"翔舞"，以闻鹤的"长喙"。后来，陆机因卷入"八王之乱"而被诛，临刑时长叹曰："华亭鹤喙，岂可复闻乎？"松江至今犹存"放鹤楼"即由此而来。丹顶鹤的不喜群居之性，颇有君子隐逸风范，宋代林逋隐于杭州西湖孤山，终身不仕，终生不娶，喜养鹤植梅，好吟诗作画，在寂寥孤独的生活中，他爱梅如妻，视鹤为子，"梅妻鹤子"的佳话一直流传至今。

　　鹤在中国传统文化中的地位仅次于凤凰，有"一品鸟"之称。鹤的高雅行止和特有品格，不仅令许多文人为之神驰，而且也激发

了我国造园家的想象，将鹤的形象纳入风景构图之中。我国古代造园，一直都把观赏动物视为园林景观中不可缺少的生态要素。作为园林造景的动物很多，其中身价最高者，除了前节述说的游鱼之外，鹤的受宠程度也不低。明计成的《园冶》、文震亨的《长物志》和清陈扶摇的《花镜》等造园文献中都有关于借助鹤的"翔姿"和"声唳"组织园林景观的论述。郑逸梅先生曾在一篇题为《徐半梦诗宠鹤羽》的掌故小品中写道："昔张山来谓：'鹤为鸟中伯夷。'盖鹤之为物，清远闲放，厥品殊高，园林间不可无此点缀。"（《掌故小札》）在《红楼梦》第七十六回中，黛玉和湘云于中秋夜在大观园"凹晶馆"对诗，得联句"窗灯焰已昏，寒塘渡鹤影。"这一联句所营造的意境，雅静而又高洁，充满了诗情画意，无不令人叫绝。古代的文人宅园多爱养鹤。唐诗人白居易在洛阳履道里的宅园里，"灵鹤怪石，紫菱白莲，皆吾所好，尽在我前"（《池上篇》）。宋朱长文"筑室乐圃坊，有山林趣，著书阅古"，圃中"有鹤室，所以蓄鹤也"（《乐圃记》）。遗存至今的古典园林中，无论私园和宫苑，都有以鹤为题的大小景观。苏州有"鹤园"，取俞樾书"携鹤草堂"而名,并署其厅曰"楼鹤"；广西乌石镇谢鲁山庄有"望鹤亭"；浙江绍兴沈园有"孤鹤轩"；无锡梅园有"招鹤亭";寄畅园有"鹤步滩";苏州留园有"鹤所";扬州云龙山有"放鹤亭";济南趵突泉公园有"来鹤桥";成都罨画池公园有"琴鹤堂";我国现存最大的古典皇家园林避暑山庄就曾以养鹤而著称,据《热河志》:"鹤,山庄内多畜之,有松鹤清樾及放鹤亭之胜。"乾隆在《松鹤清樾诗序》中写道:"进榛子峪,香草遍地,异花缀崖。夹岭虬松苍蔚,鸣鹤飞翔。"圆明园中亦有不少以鹤为名的景点,如"廓然大公"景区内,由于有大片林木和湖泊沼泽之地,于是就成为仙鹤的理想栖息之所,所以景区内的主体建筑被命名为"双鹤斋","淡泊宁静"景区还有"招鹤磴";清代行宫"古莲花池"(保定)亦有著名景点"鹤柴"。

畜养适量仙禽于园林,不单是为了观赏,它也蕴含着很深的道家仙趣和佛家禅趣。鹤在古代被称作仙禽、灵鸟。鹤与仙的文化渊源颇深。在古代神话传说中,鹤"乃羽族之宗,仙人之骥"(《相鹤经》),被视为仙禽,仙鹤之称由此而来。东汉的《列仙传》记有王子乔乘鹤的故事;《史记》上说,老子骑牛,可游仙时却驭鹤而去。鹤作为绘画题材,有一幅留存至今的《西汉帛画》(长沙马王堆出土),在人首蛇身的女娲周围,画着六只仙鹤,仰天而鸣。唐李白也曾为鹤的驭仙生涯而放歌:"一鹤东飞过沧海,放心散漫知何在,仙人浩歌望我来,应攀玉树长相待。"园林畜鹤,为的就是追求道家所谓羽化而登仙的趣味。

鹤与寿的关系也深深积淀在传统文化之中。鹤的寿命可达五六十年,传说中的鹤更是寿可千岁。所以在汉语词汇中多以"鹤老"喻长寿,以"鹤寿千岁"为祝寿之辞。历代文人亦常以"松鹤同龄"为题,或画画,或赋诗,或造园,皆有吉祥长寿的美好寓意。唐诗人刘禹锡有诗赞曰:"华表千年鹤一归,凝丹为顶雪为衣。"园林里以松、鹤构景的实例也不少。承德避暑山庄有康熙帝御题"松鹤清樾"景,乾隆帝赋诗曰:"寿比青松愿,千龄叶不凋。铜龙鹤发健,喜动四时调。"另有乾隆帝御题"松鹤斋",并赋诗曰:"岫列乔松,云屏开翠巘;庭间驯鹿,雪羽舞间前。"取鹤鹿同春、松鹤延年之意。

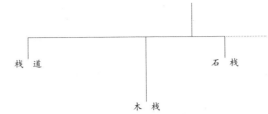

明修暗度

栈　道　　　　　　　木　栈　　　　　　　石　栈

➔ 古栈道构造图

　　"明修暗度"，即"明修栈道，暗度陈仓"。度：越过。陈仓：古县名，在今陕西宝鸡市东，为关陇通往汉中的交通要道。语见《史记·高祖本纪》："汉王之国，项王使卒三万人从，楚与诸侯之慕从者数万人，从杜南入蚀中。去辄烧绝栈道，以备诸侯盗兵袭之，亦示项羽无东意。……八月，汉王用韩信之计，从故道还，袭雍王章邯。邯迎击汉陈仓，雍兵败，还走；止战好畤，又复败，走废丘。汉王遂定雍地。"这里记述的原是古代军事史上一个有名的战例，后用以指作战时从正面迷惑敌人，暗中潜入敌人侧后进行突然袭击的策略。旧时也借喻以假象迷惑对方以达到某种目的。

　　所谓栈道，亦称阁道、复道、栈阁，就是在深山峡谷的悬崖峭壁上架构而成的道路。"栈道"之例显于秦。《史记》和《战国策》在记秦昭王时说："栈道千里，通于蜀汉，使天下皆畏秦。"被史家誉为"蜀道之始"的褒斜道，是穿越秦岭的一条最为著名古栈道，它南接汉中褒谷口，北至眉县斜谷口，全长约 250 公里，栈道上的"石门"还是世界上最早开凿的穿山隧道，刻于石门崖壁的汉、魏摩崖石刻，也具有很高的史料和书法艺术价值。此外，周秦至汉修筑的著名古栈道，除褒斜之外，还有子午道、骆谷道和陈仓道，即所谓"汉初四栈"。除了这几条穿越秦岭巴山，沟通汉中和巴蜀的古栈道之外，在其他山区道路不易修通的地方，也曾有过不少知名栈道，如四川石门栈阁、四川剑阁阁道、云南盘蛇谷栈道、山西鼠雀谷栈道以及长江三峡和黄河三门峡险要地段的栈道等。这些开凿于神州大地特别具有历史价值和文化内涵的峥嵘险道，不仅是当年的征战通道，同时也是历史上的邮传之路和贸易之路。而围绕栈道发生的许多有名故事更是至今为人们所津津乐道的话题。除成语"明修栈道，暗度陈仓"之外，三国时诸葛亮相蜀，曾设官戍守剑阁道之剑门雄关。当年魏将钟会、邓艾率兵攻蜀，蜀将姜维仅以 3 万人马便把 10 万曹军拒之关外。唐玄宗在安史乱起后也是通过剑阁古道入川的。白居易《长恨歌》："黄埃散漫风萧索，云栈萦纡登剑阁。"描绘了行进在古栈道的悲楚和凄凉，令人深思。李白的《蜀道难》，不仅淋漓尽致地描绘了古老蜀道逶迤、峥嵘、高峻、崎岖的绚丽景象，同时

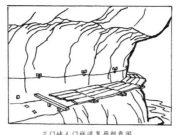 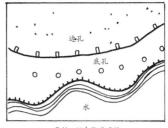

三门峡人门栈道复原想象图　　　　　　褒斜石门南栈道遗迹

单柱栈道复原想象图　　　　偏桥想象图　　　　多柱栈道复原想象图

也谱写了一曲中国古代路上行人的千古绝唱。唐诗中的栈道吟咏很多。岑参《酬成少尹骆谷行见呈》："深林迷昏旦，栈道凌虚空。"又《早上五盘岭》："栈道溪雨滑，畬田原草干。"又《与鲜于庶子自梓州，成都少尹自褒城，同行至》："栈道笼迅湍，行人贯层崖。"赵氏《杂言寄杜羔》："梁州秦岭西，栈道与云齐。"卢纶《送何召下第后归蜀》："褒斜行客过，栈道响危空。"顾非熊《行经褒城寄兴元姚从事》："栈阁危初尽，褒川路忽平。"

古栈道的结构名目甚多。茅以升主编的《中国古桥技术史》所列出的栈道构造方法有七种。一是"蹑杙"，"这是最原始也是最危险的栈道。它只在悬崖绝壁上凿出方形孔洞，过者要随身带上短木——杙，插拔而过。"二是"铜锃"，即"在悬崖绝壁上凿出一条狭窄的走道，远望如半山腰的一条横槽，是为锃道或石柱。三是"阁道"，"栈道原即阁道。……险绝之处，旁凿山岩，施版梁为阁也。"四是"千梁无柱"，即诸葛亮《与兄瑾言赵云烧赤崖阁道书》中所言："其阁梁一头入山腹，一头立柱于水中。"五是"栈桥"，其结构为："缘崖凿石，处稳定柱，临深长渊，二百余丈，接木相连，号曰万柱。"

六是"偏桥"，即"栈道中断之处联结的桥梁"。七是"依梯"，"乃是钉在岩上的木梯。"

尽管栈道的结构名目甚多，但归纳起来不外乎木栈和石栈两大类。木栈可视为是古代梁桥的一种特殊形式，它的基本样式就是："其阁梁一头入山腹，一头立柱于水中。"即在崖壁上凿孔，将木梁的一头插入，另一头则由立在水中的木柱托起，然后在梁上覆以木板。石栈的典型式样则是：将崖壁凿成石槽，道路穿石槽而过，即前述之所谓"隧道"。唐李白《蜀道难》中有"天梯石栈相钩连"之名句，其中的"天梯"即前述之"依梯"，"石栈"就是"隧道"。全国不少地方都有这种在崖壁开凿的石壁栈道，其中最长的是长江的瞿塘石栈道。它位于瞿塘峡北岸的悬崖间，"上有万仞山，下有千丈水"。栈道起于白帝城的观音洞，终于湖北巴东，蜿蜒起伏，全长约100公里，栈道至今尚存。

古栈道踢栈

河东吼狮

灵兽   雕塑

装饰附件

　　北宋文学家苏轼曾写《寄吴德仁兼简陈季常》诗来戏谑他的一位"惧内"好友陈慥，于是便生出"河东吼狮"的著名典故。此典出自南宋洪迈《容斋随笔·陈季常》："陈慥，字季常，公弼之子，居于黄州之歧亭，自称龙邱先生，又曰方山子，好宾客，喜畜声妓。然其妻柳氏绝凶妒，故苏坡有诗云：'龙邱居士亦可怜，谈空说有夜不眠。忽闻河东狮子吼，拄杖落手心茫然。'河东狮子，指柳氏也。"河东：原指山西境黄河以东的柳姓郡望。狮吼：佛教用语，谓佛祖讲经如雷震天地，"作狮子吼声"。《维摩诘经·佛国品》："演法无畏，犹狮子吼。其所讲说，乃如雷震。"《狮子吼小经》："世尊说言：诸比丘，汝等应作狮子吼。"这段趣事中提到的陈慥，平生喜好谈佛，而他的夫人柳氏却没有"菩萨心肠"，她的一声怒吼，便令陈慥如闻"狮子吼"，故苏轼借佛家语来戏谑陈慥。后因以"河东吼狮"代指悍妇发怒，以"河东性"代指妇女的妒悍性格，以"季常癖"代指丈夫惧内。但更多的则是以"吼狮"比喻佛法的威慑力量。苏东坡《闻潮阳吴子野出家》诗："当为狮子吼，佛法无南北。"

　　有"兽王"之称的狮子，是产于印度、非洲和南美的一种大型野兽，性格以威猛著称，其宏大的吼叫声音能令群兽闻而生畏。印度佛教兴起之后，狮子即被尊为"灵兽"，受到格外推崇。佛祖释迦牟尼有一个名号叫"人中狮子"，意思就是：如同狮子是兽中之王，释迦牟尼是人中之王。传说佛祖降生时，"一手指天，一手指地"，作狮子吼曰："天上地下，唯我独尊"。在古印度孔雀王朝留下的一件完美艺术遗品——《阿育王四狮柱头》，就雕刻着四只背对背蹲踞的雄狮前半身像，既雄劲有力，又极具装饰性。汉武帝时，张骞奉命出使西域，打通了中国与西域各国的交往通道，同时也伴随着佛教在汉地的传播，令狮子得以在中国落户。《后汉书·西域传》记，"章帝章和元年，（安息国）遣使献师（狮）子、符拔（一种形麟而无角的动物）。"这远道而来的"国礼"受到国人的非常礼遇，一时间狮子的地位可与兽中之王"老虎"比肩。而作为艺术形象的异域雕狮也很快被国人所接受和利用，且逐渐成为人门信仰中的一种图腾。所以，从东汉起就一直作为帝王陵寝、宫殿或佛门的卫士，用以威震八方，彰显权贵，地位十分神圣。唐宋以后，狮子的形象逐

北京四合院门
墩上的狮子造型
大明宫遗址出
土的镏金铜狮

渐走向世俗化，从普通民宅到府第、桥梁，处处都能见到它的形影，有的被雕饰在建筑构件上，更多的则是双立在建筑物门前的独立艺术品，有石狮，也有铁狮和铜狮。

狮子造型作为建筑的装饰附件，以装饰在石门墩上的狮子最具艺术观赏价值。门墩就是门框底部露在门外的"门枕石"（固定门扇下轴的是门枕），门墩的基座多为须弥座，上面连着狮子造型的门墩，通常被称为狮子型门墩，是较为常见的一种，今北京一些王府门前尚有不少保存完好的门墩狮子。门墩上的狮子造型各异，大小不一，有的威武凶猛，有的憨态可掬；更多的则以狮寓意，因"狮"与"世"、"事"、"嗣"谐音，故双狮并行指"事事如意"；狮佩绶带意为"好事不断"；雌雄狮子伴幼狮欲祝"子嗣昌盛"；一个门墩雕刻九只狮子，意为"九世（狮）同居"。古代建筑中的牌坊是门的一种变体。安徽歙县县城有座全国闻名的许国石牌坊，俗称八角牌坊，它的八根柱子侧边的方形石座上，总共雕饰有十二只精美石狮，每只石狮的神态都不尽相同，有的端坐，有的伏卧，有的舞绣球，有的嬉小狮，个个栩栩如生，堪称民间艺术精品。狮子在佛教寺院中用武之地更多。高大的菩萨像前往往塑一对蹲伏着的小狮；护法天王足踏狮子，文殊菩萨坐骑狮子。在西藏的大昭寺里，狮子又是另一种模样，几乎所有画柱和檐角上的狮子都没有鼻子。一则传说非常有趣，说当年文成公主前来视察正值装修的寺庙时，一位只顾凝望公主的雕狮工匠，失手刻掉了一只狮鼻，他自知大祸临头，连忙跪下请罪，哪知公主并未追究。但为了保持寺庙雕狮艺术的和谐，便下令把所有雕狮一律改为无鼻狮。

　　作为独立艺术品的狮子雕塑，大多是以守护门的形式出现，以壮威观。山东嘉祥武氏祠前的一对圆雕石狮，张口怒目，作嘶吼状，雕造于东汉桓帝建和元年（公元147年）；四川雅安高颐墓前的一对守墓石雕狮，劲健古朴，雕造于东汉建安十四年（公元209年），是我国现存最古老的石雕狮。保存在今南京的南朝梁代宗室王侯萧景墓前的石雕狮，形体硕大，气势非凡，造型夸张，两肩还有双翼，其形貌与真狮不相吻合，富有丰富的想象力，所以被赐以"辟邪"的美名，也被赞誉为是传奇的瑞兽。这件用整块石头雕琢而成的石狮子，距今也已有一千五六百年的历史。北京是我国现存守门狮最多的地方，其基本造型是：在雕刻着精美花纹的长方形台座上，左置雌狮，右置雄狮，雄狮前爪按一绣球，雌狮则戏弄一小狮。其中以北海天王殿前的一对为最古，新华门前的一对为最大；最为精致美丽的应是天安门前的两对巨型石狮，它庄严威猛，与端庄的华表共同映衬着雄伟的天安门。铁铸狮子也有不少存世佳品，这可能与我国古代手工冶铸技术的成熟有关。河北石家庄烈士陵园内的一对

铁狮铸于金代，河南桐柏淮渎庙前的一对狮铸于元代。其中最为杰出的例证当是号称"河北四大名胜古迹"之首的沧州铁狮子。它原是沧州古开元寺的守门狮，铸造于大周广顺三年（公元 953 年），距今已有一千多年历史，是我国现存最大、最古的铁狮子。狮子身高 5.48 米，长 6.1 米，宽 3.15 米，重约 40 吨。它引颈昂首，仰天怒吼，头顶的三个铸字"狮子王"就是其身份的最好见证。铜狮在民间难得一见，目前只有北京故宫可以看到足以显耀宫廷豪华的镏金铜狮，它们被分别陈设在太和门、乾清门、养心门、长春宫、宁寿门、养性门，每处都是一对。这六对铜狮中，太和门和乾清门前的铸造于明代，其他均为清代铸造。

我国古代桥梁的望柱上也有雕狮。其中最负盛名的莫过于卢沟桥的石狮群。桥面两侧的 288 根望柱上，分别雕刻着数量不一、大小不等、姿态各异的狮子共 485 只，后经核实改定为 498 只，这是国家文物部门的调查数字。古建专家罗哲文先生著文说，卢沟桥的石狮子共有 502 尊，但他又说"确切的数目还有待人们重新调查"，这真是应了那句北京民间歇后语："卢沟桥的狮子——数不清"。这些数不清的狮子，有的昂首端坐，有的侧首谛听；在大狮的背上、腋下、耳朵里又刻着许多小狮，有的奔跑，有的藏匿，有的嬉戏，形态古拙，蔚为大观。

画地为牢

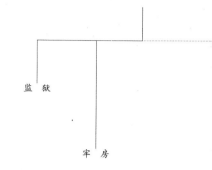

监　狱

牢　房

"画地为牢"，传说上古时民情淳朴，刑律宽缓，民有违法者，官吏便在地上画一圆圈来禁锢犯人，令犯人立于其中以作牢狱。语见司马迁《报任安书》："故士有画地为牢，势不可入，削木为吏议不可对，定计于鲜也。"元岳伯川《铁拐李》一折："他每都指山卖磨，将百姓画地为牢。"明陆西星《封神演义》第二十三回："文王曰：'武吉既打死王相，理当抵命。'随即就在南门画地为牢，竖木为吏，将武吉禁于此间。"清文康《儿女英雄传》第三十四回："这一封号，虽是几根柳森片门户，一张红纸的封条，法令所在，也同画地为牢，再没人敢任意行动。"亦作"画地为狱"，汉荀悦《汉纪·宣帝纪一》："语曰：画地为狱誓不入，刻木为吏议不对，此皆嫉吏悲痛之辞。"

关于监狱的话题，和前述妓院有点类似，就建筑而言，"它理应成为人类建筑史的一章。它是不可回避的一个基本事实。很遗憾，建筑史专家每易忽视监狱建筑这个事实。几乎没有一本建筑学的论著分析过监狱建筑"（赵鑫珊《建筑是首哲理诗》）。

古代有关牢狱的称谓很多：丛棘、圜土、羑里、图圄、狴犴等。最初的牢狱源起于上古的丛棘，亦称棘丛或严棘。棘即酸枣，是一种有尖刺的植物，因防俘虏或罪犯逃逸，即用绳索捆绑，以棘围之，故称。《易·坎》："上六，系用徽纆（绳索），置于丛棘。"《广雅》："狱，犴也。夏曰夏台，殷曰羑里，周曰图圄。"蔡邕《独断》亦谓："唐虞曰士官，夏曰均台，周曰图圄，汉曰狱。"夏朝的中央监狱筑在"夏台"，故址在今河南禹县境内，称"圜土"。《周礼》："以圜土聚教罢民。"郑玄注："圜土，狱城也。"《释名》："狱……又谓之牢，言所在坚牢也。又谓之圜土，言筑土表墙，其形圆也。又谓之图圄。图，领也，圄，禦也，领录囚徒禁禦之也。"《周礼》："若无授无节，则唯圜土内（纳）之。"殷商之狱称"羑里"，因羑里城（故址在今河南汤阴县城北）曾经是商纣王囚禁周文王姬昌的地方，司马迁《太史公自序》曰："昔西伯拘羑里，演《周易》。"后人为纪念文王功绩，就在羑里城旧址立文王庙，至今尚存。春秋战国时称牢狱为"狴犴"。狴、犴是两种传说中的野兽，用以借指监狱。《孔子家语》："孔子为鲁大司寇，有父子讼者，夫子同狴执之。"王肃注："狴，狱牢也。"《荀子·宥坐》：

"狱犴不治，不可以刑。"

古有"皋陶造狱，画地为牢"的传说，皋陶传为颛顼之子，舜之臣，与禹共辅舜政，掌管司法。《广韵》彭氏注："皋陶作狱，其制为圜，像斗，墙曰圜墙，扉曰圜扉，名曰圜土。"说明监狱之创已很远古，但一般认为监狱制度的形成和完善始于汉代。西汉时的京师监狱和地方监狱已有相当数量，且有多种类型。《汉书·刑法志》记，当时全国的监狱约有 2000 所，仅京城长安的直属监狱就有 26 座。其中有专囚政治犯的廷尉诏狱。廷尉是秦汉时的最高法官，《汉书·百官公卿表》："廷尉，秦官。"颜师古注："廷，平也。治狱贵平，故以为号。"诏狱，即奉皇帝诏令拘禁犯人的监狱。《汉书·文帝纪》："绛侯周勃有罪，逮诣廷尉诏狱。"专囚女犯的掖庭永巷。掖庭、永巷，本为皇宫中妃嫔的住所。徐陵《玉台新咏序》："五陵豪族，充选掖庭；四姓良家，驰名永巷。"《南史·后妃传总论》："永巷贫空，有同素室。"汉时则变成幽禁妃嫔或宫女的处所。《史记·吕后本纪》："乃令永巷囚戚夫人。"专囚受宫刑的蚕室。《后汉书·光武帝纪》："诏死罪系囚，皆一切募下蚕室。"李贤注："蚕室，宫刑狱名。有刑者畏风，须暖，作窨室（地窖）蓄火如蚕室，因以名焉。"专囚武官及警卫的居室狱。汉代专管宫廷事务（含禁卫军）的少府属官皆有居室，居室的官署亦用作囚禁武官和警卫之所。《史记·魏其武安侯列传》："劾灌夫骂坐不敬，系居室。"汉武帝时的灌夫将军即因得罪丞相而囚于居室。专囚地痞无赖的虎穴地牢，即构筑在地底下的监禁处所。《汉书·酷吏传·尹赏》记：汉代著名酷吏尹赏任长安县令时，"修治长安狱，穿地方深各数丈，致令辟为郭，以大石覆其口，名为'虎穴'。……百人为辈，覆以大石，数日发现，皆相枕藉死。"《魏书·杨津传》："洛周脱津衣服，置地牢下数日，欲将烹之。"

自东汉始，京师狱的数量大量削减，只保留廷尉狱和洛阳狱，地方州县各置监狱，后世大体沿袭这一体制。隋唐大理寺为中央司法机关，设大理狱，明清以刑部为中央司法机关，设刑部狱，即通常所说的刑部大牢。古代监狱多被纳入各级衙署的统一建制之中，

● 立于狱门之上
  的狴犴
● 明代《明珠记》
  插图

是衙署建筑群的一个重要组成部分。中央一级的监狱主要拘禁外省和京城的死囚及现行重犯。一般而言，各级监狱都有内、外监之别，重犯被关押在内监，轻罪犯人关押在外监，内外监之间以墙垣阻隔。监狱通常都建在衙署主院落的左侧，高筑墙垣，栽植荆棘。监狱院落都有狱厅，是监狱牢头和禁卒的起居之所，还有刻画狴犴标饰的独立狱门，门内建有狱神庙，以供狱卒和人犯拜祭，神庙多有习用题联："尔违条犯律，罪有应得；吴发奸摘伏，歧途指返。"因禁犯人的监舍既昏暗又拥促，故有"黑狱"之称。清代桐城派创始人方苞，因受文字狱的牵连被打入刑部监狱，后来他写了有名的《狱中杂记》，揭露了康熙年间监狱的种种黑暗，其中就有关于监舍的记述："而狱中老监者四，监五室。禁卒居中央，牖其前以通明，屋顶有窗以达气。旁四室则无之，而系囚常二百余"。四个老监（即内监），五个牢房竟然要囚禁二百余人，其苦状可想而知。

　　古代历朝建造的监狱不计其数，以清代为例，据《大清会典》及《清史稿》的统计，至清末，全国仅省、道、府、县四级行政机关所设置的衙署就有 2200 多个，而较为完整的衙署均有监狱，以此推断，当时的监狱总数不会少于 2000 处。然而，时至今日的实物遗存却极为罕见，这对我们清晰了解它的确切建制带来一定困难。值得庆幸的是，在山西洪洞县城的旧县衙内，至今还保留着一座创建于 600 多年前的明代监狱，虽然已非原物（十年动乱时遭毁，后按原样复建），但对我们粗略了解封建社会的监狱建筑也是难得的历史物证，因为它是迄今为止仅存的一处最为完整的古代监狱。

　　洪洞监狱创建于明洪武二年（公元 1369 年），因明代京都名妓苏三曾蒙冤囚于此狱之死牢，故而民间也称它为"苏三监狱"。监狱的外观并不显眼，看去很像是一座普通的宅院。门前有影壁，院墙有花窗，由拱形大门入内是一个带有回廊的过厅，叫它大堂也可，也没有什么特别的地方，这里显然是监管人员的办公场所。从过厅进入右侧的监区，才使人感到它的独到之处。监区由普监和死牢两部分组成。普监即普通牢房，是关押一般犯人的，只有东西相对的

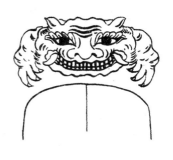

两排监房，中间是一条宽不过五尺的狭长南北通道，顶部密布的铁丝网连接在两排监房的檐口，犹如"天罗地网"，网上挂满铜铃，触网则铃响，以警戒犯人越狱；监房门矮窗小，阳光只能从几根粗壮窗棂的缝隙间透进几缕微弱的光线。监内面积不足4平方米，除了一个小小的土炕外别无他物。犯人在炕上也无法躺下，只能蜷缩成一团，人们常说的"蹲监狱"或"坐牢房"大概就源于此。普监通道的南端有禁房二间，是看守狱卒的值班用房，在禁房西侧的墙上筑有神龛，被称为"狱神庙"，龛内有三尊砖刻神像，中间一尊为狱神，面色和善，两旁是小鬼，面目可狰，犯人皆须拜之，有安慰，也有威胁；神庙的下方墙角有一个圆形孔洞，被称为"死囚洞"，直通大街，凡死在狱中的犯人只能从这个孔洞拖出监狱。禁房的东侧，即普监通道的南尽头，就是墙垣高耸的死囚牢，牢墙为外砌青砖内充沙土的夹层墙，墙厚达 1.7 米，高 6 米。墙上构筑的是一个有狴犴装饰的狱门，因狴犴"形似虎"，所以俗称"虎头门"。门有两道，均为铁制，一道右开，一道左开，两门间形成一条高 1.6 米，宽 1.7 米，长 3 米的甬道。穿过甬道进入牢院，院内的砖砌窑洞被称为"枕头窑"，隔为三间，其中一间曾关过苏三，因称"苏三牢房"；另有水井和洗衣石槽，井深 2 米，井口是用一块 40 厘米厚的青石凿出一个只有碗口大的小孔，直径 23 厘米，为的是防止犯人投井，传当年苏三曾在此洗衣，后人因称"苏三井"。我国著名考古学家王冶秋先生曾经考察过这座罕见的明代监狱，并题诗曰："虎头牢里羁红妆，一曲搅乱臭水浆。王三公子今何在？此处空留丈八墙。"

当年设计建造这座监狱有太多的奇思妙想：低矮的房门、阴森的囚室、短窄的土炕、铁网铜铃……洪洞监狱所承载的诸多建筑符号中，最为重要的莫过于以下两项。

一是死牢的门饰：旧时的监狱之门俗称虎头门，原因是它的门头上方都绘有巨大的狴犴图形，"狴犴"也因此成为监狱的代称。家喻户晓的传统京剧《玉堂春》有句唱词："低头出了虎头牢。"何以要绘狴犴呢？杨慎《升庵全集》："俗传龙生九子不成龙……四曰狴犴，形似虎，有威力，故立于狱门。"李东阳《怀麓堂集》："狴犴平生好讼，今狱门上狮子头是其遗像。"可见，狱门饰狴犴怪兽，为的就是施加威慑力量，以增添震慑效果，维护肃穆之气。明代刊印的《明珠记》有"闻赦图"，就保留了明代监狱的典型门饰。

二是牢房的高耸墙垣和狭小窗户。一般房屋筑墙开窗为的是避寒隔热和通风采光，而监狱建筑的高墙和矮小窗户，却无一不是旨在摧毁人的精神，消灭人的意志，从而失去人的起码尊严。一堵高墙把囚徒同外部世界隔绝，而射进囚房的几缕微弱光线却是来自外部世界的唯一信使。由此看来，监狱建筑的墙和窗是普通房屋墙窗的异化，它所承载的文化符号能启迪人们进行有益的哲学思考。

当人类真正实现"画地为牢"的时候，也就是人性得到彻底解放的时候。

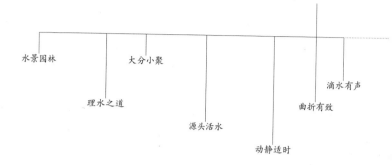

知者乐水

水景园林　　大分小聚

理水之道

源头活水

动静适时

曲折有致

滴水有声

"知者乐水"，语出《论语·雍也》："子曰：'知者乐水，仁者乐山。知者动，仁者静。知者乐，仁者寿。'"知：同智。乐：爱好。智者喜欢水，因为水活跃富于变化。

　　水，虽然是一种极为普通的自然物质，但它却是万物的本源，没有水就没有生命，没有水也就没有人类，故而有"人，水也"（《管子》）的古训。水在滋养人类生命的同时，也以其自身的深刻蕴意丰富着人类的文明，充实着我们的历史文化，也同时在充实着传统的园林文化。

　　面对流水，圣人贤哲发出过诸多感慨，并从中启迪出种种的哲学思考。如孔子的"逝者如斯夫，不舍昼夜"，"知者乐水，仁者乐山"；孟子的"源泉混混，不舍昼夜，盈科而后进，放乎四海"；老子的"上善若水"；告子的"人性之无分善于不善也，犹水之无分于东西也"；荀子的"夫水遍与诸生而无为也，似德"等，水在种种感悟之中，竟然成了充满智慧的标志符号。

　　水的壮阔、雄险、纯净、虚灵、声色、倒影等美态，也引发无数士人的激情和灵感，触发他们为文、为诗、为画、为乐、为园，留下了大量感人肺腑的传世珍品。水，几乎成为所有艺术创作的重要题材。这里只说与园情相关的水韵。

　　纵观历史名园，以水为题，因水取景，莫不"造化天地、纵水生晖"。明人邹迪光说："园林之胜，惟是山与水二物。无论二者俱无，与有山无水、有水无山，不足称胜。"（《愚公谷乘》）话说得很通俗，山、水二物乃一园之胜的根本，无山石不能成园，无水景同样不能成园。清人郑绩也说："石为山之骨，泉为山之血。无骨则柔不能立，无血则枯不得生。"（《梦幻居学画简明》）这里虽然讲的是画中之水，实际上也完全适用于园林。如果说，山石是园林之骨骸，那么，水就是园林的血脉。诗人杜甫曾写过一首有名的咏园诗："不识南塘路，今知第五桥。名园依绿水，野竹上青霄。"（《陪郑广文游何将军山林》）"名园依绿水"，水和园相互依存，水之不存，园将焉附？历史上很多用依绿园、绿水园命名的古典园林，皆取意于此。

以水为题，因水取景是中国古典园林继山景之后的另一造景要素。水本无定形，园林中的理水造景，就是将自然界的真水作抒情写意的艺术再现，满足人的生活情趣和审美需求。模拟自然的园林理水，同样可以塑造出与真水无二的各种水形水态，如湖海、池沼、溪涧、泉源、渊潭、瀑布等，但它绝非是简单的缩影，而是赋予了更高的艺术境界和哲学意涵。

历代造园艺术家曾总结出许多有关园林理水的可贵经验。明文震亨的《长物志》，是一本多学科的园艺大全，全书共 12 卷，其中"水石志"中对园林理水的论述颇丰，影响至深。书中列有八种园林水体类型：广池、小池、瀑布、凿井、天泉、地泉、流水、丹泉，并详述理水之法，其中又以前三项最为重要。所谓广池，文震亨说："凿池自亩以及顷，愈广愈胜。最广者可中置台榭之属，或长堤横隔，汀蒲岸苇杂植其中，一望无际，乃称巨浸。"说到小池："阶前石畔凿一小池，必须湖石四围，泉清可见底，中畜朱鱼翠藻，游泳可玩。四周树野藤细竹，能掘地稍深引泉脉者更佳。忌方圆八角诸式。"瀑布，文氏认为："山居引泉从高而下，为瀑布稍易。"而平地"作此，须截竹长短不一，尽承檐溜，暗接藏石罅中，以斧劈石叠高，下凿小池承水，置石林立其下，雨中能令飞泉溅薄，潺潺有声，亦一奇也"。

理水之道本无定式，但先人之经验则多可借鉴，概言之有四大要领。

大分小聚。这是理水的基本原则。园林水体宜有聚有分，聚分得体。而聚分之间又取决于园之大小，一般的方法是"大分小聚"，正如《园冶》中所说："水面大则分，小则聚；分则萦回，聚则浩渺；分而不乱，聚而不死；分聚结合，相得益彰。"大型园林（多为皇家苑囿和名胜园林）的水体多是由天然水面改造而成的千顷汪洋，古称"巨浸"。一望千顷虽有汪洋之概，但总不免有空旷、单调之弊，去此弊端的最好方法就是"分"，即利用堤、岛、石、亭、廊、桥、花木等实体，将水面分隔成深浅不一、大小不等、曲折有致的若干景区，使之既具浩瀚无垠之势，又得深邃藏幽之趣。北京的北海、颐和园，杭州的西湖以及苏州最大的水景园拙政园均为以分为主的上乘之作。相对而言，小型园林的水体则多采用内聚格局，令有限空间具有开阔漫漶之感。水体也大多呈不规则形状，以获天然趣味。苏州之畅园、鹤园、网师园等均为以聚取胜的典范作品。

源头活水。"半亩方塘一鉴开，天光云影共徘徊；问渠那得清如许？为有源头活水来。"（朱熹《观书有感》）园林理水以"活"为先决条件，而水活必先寻源。《园冶》中说："立基先究源头，疏源之去由，察水之来历。"陈从周说："园林之水，首在寻源，无源之水必成死水。"（《园韵》）园林水源有自然和人工之别，在自然水源中又以天然泉水为上乘。中国自古就有"因泉而园"的记载，唐李德裕的平泉庄："有虚槛对引，泉水萦回。疏凿像巫峡、洞庭、十二峰、九派……"（《平泉山居草木记》）宋洪适别业盘洲："双溪掖岸，泓渟湾洄，风生文漪，一眄无际，'芝泉'之所run通也。"（《盘洲记》）宋李格非所记洛阳吴氏园："自东大渠引水注园中，清泉细流，涓涓无不通处"（《洛阳名园记》）。清北京郊外三山五园的水源主要依赖于玉泉山诸泉，承德避暑山庄的水源也主要依赖著名的热河泉。济南的趵突泉公园更以"泉源上奋，水涌若轮"而享誉盛名。

动静适时。水有动、静之分。湖池之水多为静水，静水不仅以静谧、含蓄、稳定取悦于人，静水一平如镜又俨如画师，它能涵映周围景物，又通过水的波纹变化倒影画面，令景物更加奇幻迷人。诸多园景中的"长虹卧波"、"三潭印月"、"水绘园"等，都是造园家借助水的倒影营造出的如画美景。水面倒影亦是古代诗家常语："绿树浓荫夏日长，楼台倒影入池塘。"（唐高骈）"长川不是春来绿，千峰倒影落其间。"（唐吴融）乾隆皇帝也写过一首题为《水闸放舟至影湖楼》诗："四面清波平似镜，两层高阁耸如图；影湖底识为佳处，幻景真情半有无。"从静水中看那半有半无、似实而虚的影景，给人以一种真假莫辨的虚幻之美。山溪泉瀑之水则表现出不同的动态美。

《园冶》中说：“瀑布落泉，回湾深潭，动静相兼，活泼自然。”一水萦回，蜿蜒于亭台、庭院、山石之间，或急或徐，或分或聚，变化多姿，移步换景。动态水可令静态景物变静为动，从而给人以明快、欢愉、奔腾的审美享受。

曲折有致。清文学家龚自珍《病梅馆记》：“以曲为美，直则无姿。”清画家恽正叔《南田论画》亦云：“境贵乎深，不曲不深也。”园林理水之道亦然，故陈从周说：“水不在深，妙于曲折。”（《说园》）唐诗人元结曾写道“悬庭前之水，取歆曲窦缺之石，高下承之”；刘禹锡在园中疏水为溪，形成“萦纡非一曲，意态如千里”（《海阳十咏·裴溪》）的景观；白居易在构筑庐山草堂时写诗云，“最爱一泉新引得，清冷屈曲绕阶流”。源于东晋名士兰亭雅集而风流千古的所谓“流觞曲水”，更是中国园林水景的模板之一。宋《营造法式》还专门列有流觞亭地面曲水的做法。北京圆明园曾建有“坐石临流”；故宫乾隆花园建有“禊赏亭”；中南海也曾建有“流杯亭”，乾隆题匾额为“流水音”。构成水体曲折有多种方法。一是将水的源头和去向尽量作隐蔽处理，水流本身也要忽隐忽现，以造成幽深诡异、扑朔迷离的效果。二是引导水体顺着岸上的景物环绕，其景物或建筑，或植物，或岩壁，皆可作为环绕的主体。景物可借水的映衬而更现其美，水流的曲折迂回也增加了自身的空间层次。三是园池的岸形“忌方圆八角诸式”。“水曲因岸。”池岸宜有变化，随势而曲，随形作岸，尤其“留心曲岸水口的设计，故意做成许多湾头，望之仿佛有许多源流，如是则水来去无尽头，有深壑藏涵之感”（陈从周《园林谈丛》）。

滴水传声。园中水景除诉诸人的眼睛之外，溪涧动水散出的潺潺水声则能引发人的听觉美，同样令人心醉。无锡寄畅园有名景八音涧，涧原名悬淙涧，据明王稚登所写《寄畅园记》：“泉由石隙泻沼中，声淙淙中琴瑟，临以屋，曰：‘小憩’。拾级而上，亭翼然峭蒨青葱间者，为‘悬淙’。引‘悬淙’之流，甃为曲涧，茂林在上，清泉在下，奇峰秀石，含雾出云，于焉修禊，于焉浮怀，使兰亭不能独胜。”引入园中的泉水，通过巧妙叠石，高低跌落，在层层流动中发出不同音响，琤琤淙淙，如奏琴瑟。"何必丝与竹，山水有清音。"清音天籁之声，可以胜过丝竹演奏。很多园林水景都与水体流淌的音乐声有关，如：夹镜鸣琴、卧石听泉、声喧乱石、溪涧琴声等，兼有诉诸人们视觉和听觉的双重功效，无论是声韵或景色都道出水的声韵之美。

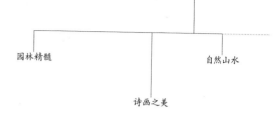

诗情画意

园林精髓   诗画之美   自然山水

"诗情画意"，亦作"画意诗情"，源出唐代山水田园诗人王维开创的"诗中有画，画中有诗"的柔美境界。王维多才多艺，他不仅工诗，而且善画喜园。宋代大文学家苏轼非常欣赏王维的诗和画，他在《东坡题跋·书摩诘〈蓝关烟雨图〉》中称赞说："味摩诘之诗，诗中有画；观摩诘之画，画中有诗。"诗中有"画意"，画中有"诗情"，于是就衍生出成语"诗情画意"，用来形容耐人寻味的优美景色和诗画般的情趣。朱自清《燕知草序》："杭州是历史上的名都，西湖更为古今中外所称道；画意诗情，差不多俯拾即是。"

　　日本东京大学造园学教授横山正先生在他所写的《中国园林》（《美学文献》第一辑）一文中，曾用成语"诗情画意"来评说中国园林的精髓所在："有人询问中国园林的精髓所在，中国人便会异口同声地回答：富于诗情画意。从园林的实际造型观察，它当然与文学美术相关，发自诗的情思，画的心意，不遗余力地探索诗画之美，这便是中国的园林建筑吧。仔细思量，中国园林确实是以诗画为先导。"中国园林之所以具有世界影响，其核心的内在魅力就是诗情画意。当代美学家宗白华说，自然山水是"诗人画家抒写情思的媒介，所以中国画和诗，都爱以山水境界做表现和咏味的中心……董其昌说得好：'诗以山川为境，山川亦以诗为境。'艺术家禀赋的诗心，映射着天地的诗心"（《美学散步》）。艺术之理相同，诗画如此，造园之道亦然。园林的精髓在于"诗情画意"，足见诗与园的互通互渗关系。

　　先说诗情。明计成所著《园冶》，是一部公认难读的古书，但其中也不乏充满诗心、诗情的典雅文字，如"溶溶月色，瑟瑟风声，静扰一榻琴书，动涵半轮秋水。""闲闲即景，寂寂探春……千山环翠，万壑流青。""动'江流天地外'之情，合'山色有无中'之句。"金学智说："每句都是园景，每句也都是诗情，或者说，园即是诗，诗即是园。"（《中国园林美学》）陈从周在论述中国诗文与园林艺术之关系时也说："清代钱泳在《履园丛话》中说：'造园如作诗文，必须曲折有法，前后呼应，最忌堆砌，最忌错杂，方称佳构。'一言道破，造园与作诗文无异，从诗文中可悟造园法，而园林又能兴游以成诗文。诗文与造园同样要通过构思，所以我说造园一名构园。这其中还是要能表达意境。……中国园林，能在世界上独树一帜者，实以诗文造园也。"（《中国诗文与中国园林艺术》）中国古典园林"以诗文造园"，就是要借鉴诗文的章法、手段，使园林布局具有类似诗文的结构和意境，将诗情无痕地糅进园林美景之中。

中国园林素以诗情画意为尚，以诗的意境为宗。古之造园往往依据诗文意境来构思园景设置。也就是说，园林意境的创造，其艺术蓝本不少是源于著名诗人笔下所营造出的优美诗意。东晋大诗人、大隐士陶渊明，不仅是我国诗史上田园山水诗的鼻祖，而且也是造园史上"文人园"的开创者，他的思想和诗文对中国园林意境的构思曾产生广泛而深远的影响。他在传世名篇《归去来兮辞》和《归园田居》诗中所表达的那种"引壶觞以自酌"的惬意，"眄庭柯以怡颜"、"倚南窗以寄傲"的坦荡，"园日涉以成趣"的遐想，"门虽设而常关"的自得，"登东皋以舒啸"的酣畅以及"采菊东篱下，悠然见南山"的悠闲，都直接、间接地成为造园者构园的主题意境，并把它物化在各种园林景物形象之中。流风所被，直至明、清，仍有不少园林是以它的诗文雅趣来命名。例如，五柳园、归田园居、隐圃、小隐园、洽隐园、耕学斋（苏州）、寄啸山庄、耕隐草堂、容膝园、隐园、耕隐草堂（扬州）、日涉园（上海、泰州）、涉园（苏州、海盐）、东皋草堂（常熟）、皋园（杭州）等。至于以陶公诗文名句为置景依据的各种景点更是举不胜举。如苏州留园之舒啸亭、还我读书处、小桃坞；拙政园和狮子林之见山楼；耦园之无俗韵轩、吾爱亭；上海秋霞园之桃花潭、涉趣桥等。其影响所及，就连皇帝花园中的很多景物也慕名仿效。如北京圆明园中的武陵春色无疑是《桃花源记》的理想再现；涉趣楼则截取"园日涉以成趣"而为之；颐和园中的夕佳亭取"山气日夕佳"意境；原皇宫西苑（今北海）画舫斋中的古柯庭，显然是从"眄庭柯以怡颜"引申而来。

点化历代著名诗词意境融入园林景物的例证比比皆是。北京圆明园有根据杜牧"牧童遥指杏花村"诗意设计的杏花春馆，还有用李白"两水夹明镜，双桥落彩虹"诗意设计的夹镜鸣琴；北京颐和园后山诸景中的看云起时，用王维诗句"行到水穷处，坐看云起时"的意境，澄碧亭用李白"君去沧江望澄碧"诗意，"苍崖半入云涛堆"借取苏轼诗句"归来解剑亭前路，苍崖半入云涛堆"；江苏同里退思园建有画舫一座，名闹红一舸，取的是宋姜白石《念奴娇·闹红一舸》词上阕的意象；苏州拙政园的与谁同坐轩，点化自宋苏轼《点绛唇》词中"与誰同坐? 明月、清风、我。"的意境，而留听阁则用唐李商隐"留得枯荷听雨声"诗意造景；狮子林的暗香疏影楼和真趣亭，分别取宋林和靖"疏影斜横水清浅，暗香浮动月黄昏"诗意和宋王禹偁"忘机得真趣，怀古生远思"诗意；怡园主人据杜甫"碧梧栖老凤凰枝"诗意筑碧梧栖凤榭，留园中清风池馆的意境则由"吉甫作颂，穆如清风"(《诗经》)点化而来。

园林中的各种诗文品题，又是直接参与园林景象构成的要素之一。作为诗情画意的载体，园林中的匾额对联、碑帖刻石绝非无足轻重的装饰，而是同花木泉石一样，是营造园境的重要手段。这些诗文品题，有的取材于著名诗文佳作，即所谓《红楼梦》中贾宝玉对景物品题的看法："编新不如述旧，刻古终胜雕今"；有的又多出于名家之手，"诗文唱酬以传"，令园林倍添艺术光彩。这些极具品格诗文也就成为造园家赖以传神的点睛之笔。

园林与诗的关系真可谓是"盘根错节，难分难解"。一座好的园林，往往就是一首好的诗词，所以人们常把江南一带古典园林的风格比拟成诗和词。陈从周说："我曾以宋词喻苏州诸园：网师园如晏小山词，清新不落俗套；留园如吴梦窗词，七室楼台，拆下不成片段；而拙政园中部，空灵处如闲云野鹤去来无踪，则姜白石之流了；沧浪亭有若宋诗；怡园仿佛清诗，皆能从其境界中揣摩得之。"(《中国诗文与中国园林艺术》)陈从周先生的成名之作《苏州园林》，其中一个显著特征就是将"园境"和"诗境"融为一体，随不同的园林景观而引出相应的前人诗(词)句，如"庭院无人月上阶，满地栏杆影"、"小阁无灯月侵窗"、"春透水波明，池上楼台堤上路"、"庭院深深深几许"、"斜桥曲水小轩窗"等，令赏园者更能"触景生情"，耐人寻味。

再说画意。中国艺术论中素有"诗画同源"之说，中国园林在追求"诗情"的同时，又格外讲究画的意境。常言道，诗文为造园之理，画本为造园之图。《园冶》云："境仿瀛壶，天然图画，意尽林泉之癖，乐余园圃之间。"《红楼梦》的作者曹雪芹借贾宝玉之口批评"稻香村"故意造作："哪及前数处有自然之理、自然之趣？虽种竹引泉，亦不伤穿凿。古人云'天然图画'四字，正恐非其他而强为其地，非其山而强为其山，即百般精巧，终不相宜……"（《红楼梦》第十七回）计成、曹雪芹都以"天然图画"这一极高境界的生态审美观来品评园林，其含义不外乎两点，一是要"外师造化"，即以大自然为师，二是要"意在笔先"，即以画意为造园之本。

陈从周在《造园与诗画同理》一文中说："画论云，空白非空纸，空白即画也。予云造园亦何独不然，其理一也。园林佳者无法观尽，远园之术亦无法述尽，要之有法无式，通其理自然千变万化，难穷其尽矣。"（《梓室余墨》）园林与绘画均以自然山水为蓝本，所不同的只是：画家以笔墨为丘壑，而造园家则以土石为皴擦。需要指出的是，古代绘画理论的发蒙和成熟远比造园理论要早，其内容也更加丰富完整，所以素来被造园家奉为圭臬，历史上造园实践所遵循的法度，也大都依赖于那些经典的山水画论，像南朝宗炳与王微继的《画山水序》和《叙画》、五代后梁荆浩的《画山水录》、宋韩拙的《山水纯全集》、宋郭熙父子的《林泉高致》、明董其昌的《画禅室随笔》、清石涛的《苦瓜和尚画语录》等。故而童寯在《中国园林》一文中说："中国造园首先从属于绘画艺术，既无理性逻辑，也无规则。"（《园论》）陈从周在《园林与山水画》一文中也说："不知中国画理画论，难以言中国园林。"（《园韵》）实乃至理名言。

有一个比拟说得很好：画是"凝固的诗"，而园则是"立体的画"。画和园的艺术目的是相同的，都追求画面的画境，所以才有画论即园论的说法。画论中的"经营位置，空间构图"，和园论中的山水布局原理完全一致；绘画中勾画山体的所谓"皴法"程式，被直接用在造园的掇山之中；造园中以粉墙为景物背景的衬托做法，又与绘画所强调的"留虚"契合；绘画讲究层次之美，造园则追求庭院深深，步移景易；而"以一点墨，摄山河大地"之画理，又与"片山多致，寸石生情"之园论完全吻合。凡此种种都表明园是画的物化形态，二者互渗互通，也相互影响。

画家喜造园、爱画园，董其昌云："幸有草堂、辋川诸粉本，……盖公之园可画，而余家之画可园。"（《兔柴记》）古代画家参与造园在历史上比比皆是。唐代的诗画双绝名士王维为自己营建"辋川别业"，并为园作"辋川图"；北宋皇帝宋徽宗，雅好园林，擅长书画，身兼二任，由他亲自谋划，并组织宫廷画院设计绘图，"遂以图材付之，按图度址，庀徒僝工，累土积石"，完全以画家意图建造的大型宫苑"艮岳"，更是画园同源的杰出典范。擅长山水的南宋画家俞子清，堆叠园林假山百余峰，称俞园；元代诗、书、画兼擅的全才型画家倪云林，在故里（无锡）构建的山水庭园清秘阁，"浓荫匝十里，四周烟翠连"，他所造的苏州狮子林，如今更成世界遗产；明王献臣营建的苏州拙政园，更因大画家文征明的参与而成为吴中名园。他不仅参与了拙政园的设计，还为其画《拙政园图》三十一幅，每图描绘一个景点，各系以诗，这些诗总称为《拙政园图咏》，此外，他还写了《王氏拙政园记》。清画家石涛，在书画、诗文、画论之外，更"兼工累石"，由他所叠的扬州片石山房，被誉为石涛叠山的"人间孤本"。中国皇家园林的最后一个标本——颐和园的设计，也是由当时的著名画家庆宽（号松月居士）主持的，凡宫殿、楼台、亭榭以及点缀各景图样，皆出自他的手笔。及至近代，画家自建园林也大有人在，最为人称道的莫过于大画家张大千。他远游海外，所到之处皆有所为，如在巴西构八德园，在美国营环荜庵，后居我国台湾又筑摩耶精舍。

说到画家画园同样不胜枚举。宋代设置画院，分科很细，其中有"屋木"（亦称"界画楼台"）一科，专门从事以宫苑楼台、屋宇廊榭为题材的绘画，这种画一直盛行到清代，连皇帝也要他的宫廷画家集体绘制"宫苑画"。这类画的传世名作很多，如隋代画家展子虔的《游春图》，唐代诗人、画家王维的《雪溪图》，五代南唐画家卫贤的《高士图》，五代后梁画家荆浩的《匡庐图》，五代宋初画家巨然的《萧翼赚兰亭图》，宋代画家米友仁的《潇湘奇观图》，宋代画家夏珪的《溪山清远图》，南宋画家马远的《踏歌图》，南宋画家赵伯驹的《江山秋色图》，南宋画家刘松年的《四景山水图卷》，元代画家黄公望的《富春山居图》，明代书画家文征明的《真赏斋图》，明代画家王世仁的《勺园修褉图》，明末清初画家弘仁的《幽亭飞瀑图》，清代画家袁江的《东园胜概图》，清代宫廷画家冷枚的《避暑山庄图》，清代画家萧云从的《仙山楼阁图轴》，清代画家杨晋的《仕女图卷》，清代宫廷画家沈源、唐岱的《圆明园四十景图》，清代佚名者的《大观园图》等。

善画者善园，善园者亦善画。历代工绘事之造园家不乏其人，其中最杰出的代表当属明之计成，他少年时即以绘画知名，"不佞少以绘名，性好搜奇，最喜关仝、荆浩笔意，每宗之。"他为人营构园林皆具"画意"，他的传世之作《园冶》，详述造园之道，也总是以园喻画，既是园论，又是画论。明造园家张南阳，出身绘画之家，自己也是画家，且善于用画家手法来叠山，"一为点缀，遂成奇观。诸峰峦岩洞，岑崿溪谷，陂坂梯磴，具体而微。"（陈所蕴《啸台记》）他所为之上海豫园黄石大假山至今犹存。明工造园的周秉忠，亦善绘事，今苏州留园、惠荫园之假山皆由他所为。明末清初的造园家张涟，自幼学画，尤工山水，他把山水画技与园林构建相结合，创作了不少园林佳构，如松江之横云山庄、太仓之乐郊园、常熟之拂水山庄、嘉兴之竹亭别墅和鹤洲草堂、吴县之东园等。张涟子张然亦自幼从父学画，并承其父业在江南一带叠山，后游于京师，供奉内廷，京城宫苑畅春园、静宜园、南海瀛台以及京城私园怡园、万柳堂皆有他的作品。另如明代的文震亨（著《长物志》，造香草垞）、

米万钟（筑漫园、勺园、湛园）、林有鳞（造素园，画《素园石谱》）、清代的李渔（著《一家言》，营伊园和芥子园）、曹雪芹（著《红楼梦》，构大观园）、仇好石、戈裕良等，也都是集造园、绘画于一身的艺术大家，深谙画理画论，所以才能营造出充满"画意"的山水园林。正如陈从周所言："著名的造园家，几乎皆工绘事，而画名却被园林之名所掩为多。"（《园林与山水画》）

亭台楼阁

园林建筑　　　　　　　　　寄怀情志

登临以眺

"亭台楼阁"，泛指中国古典园林中充满诗情画意的建筑景观。清文康《儿女英雄传》第一回："虽然算不得大园庭，那亭台楼阁，树林山水，却也点缀结构得幽雅不俗。"

⮕ 苏州留园濠濮亭

日本东京大学造园学教授横山正先生在他所写的《中国园林》一文中，用十个专题来讲述中国园林之美，"亭台楼阁"是其中的一节。他在文中提到了曹雪芹在《红楼梦》中所描写的大观园："这座凭空想象的富丽堂皇的官邸，描写得细致周详。清朝以来，曾几次设想按原样重建大观园。参照原书，究竟何处是建筑物，何处是园林，浑然一体，不易区分。构思巧妙富于情趣的无数亭台楼阁之间的空隙，尽是园林。也可以视为包括这些建筑群在内都是园林。换言之，园林中到处镶嵌着形形色色的亭台楼阁。"（引自《美学文献》第一辑）中国古典园林对建筑的经营特别在意，不仅比重很大，而且名目繁多。计成在《园冶·屋宇》中共列出十五种：门楼、堂、斋、室、房、馆、楼、台、阁、亭、榭、轩、卷、广、廊。这么多的园林建筑类型，何以只选择"亭台楼阁"来概括园林中的建筑景观？

首先，中国传统建筑的类别划分并无统一标准，有以形式为准，有以用途作则，其具体功能也无特殊指定，所以就出现许多"名"和"实"相互交叉的问题，在园林建筑中表现得尤为突出，有的虽名为厅，但可能是堂，有的虽名为轩，也可能会是厅。以《红楼梦》中的"大观园"为例，被贵妃所赐名的潇湘馆、怡红院、蘅芜院、浣葛山庄、藕香榭、蓼风轩等，这些所谓的"馆、院、山庄、榭、轩"，其实与建筑样式无关，它只是"大观园"组群建筑中的一个空间单位，名实并不相符。可见，园林中单体建筑的适用范围较广，变异性也很大。相比之下，亭、台、楼、阁在诸多建筑类别中相对来说是比较稳定的，各自也有较为突出的性格功能。

先看亭台。亭是园林中使用最多、也最富于游赏性的建筑形式。它体量不大，造式也无定格，通常都是四面开敞，视野无限。《园

冶·屋宇》上说："《释名》云：'亭者，停也。'所以停憩游行也。司空图有'休休亭'，本此义。"可见，亭的主要功能是供人停憩、赏景。台本是古代宫苑中一种"观四方而高者"的艺术建筑，上有屋宇，可以远望。而后世园林中的台却逐渐变异。《园冶·屋宇》上说："《释名》云：'台者，持也。言筑土坚高，能自胜持也。'园林之台，或掇石而高上平者，或木架高而版平无屋者，或楼阁前出一步而敞者，俱为台。"台的结构特征是台面平坦，四周虚敞，其主要功能是登临和眺望。

再看楼阁。《园冶·屋宇》上说："《说文》云：'重屋曰楼'……言窗牖虚开，诸孔慺慺然也。造式，如堂高一层者也。"可见，高敞崇峻是楼的主要特征，且四周有排列整齐的窗孔，开窗便可极目远眺。阁和楼一样，也是一种高层建筑，但在形式上与较为规整的楼

➡ 李白《黄鹤楼送孟浩然之广陵》诗意

相比，往往带有更多的灵活性和多变性。二者虽同中有异，但习惯上常常楼阁并提。关于楼阁的功能，文震亨在《长物志·楼阁》上说："楼阁作房闼者，须回环窈窕；供登眺者，须轩敞宏丽；藏书画者，须爽垲高深。"不同的目的，决定各自的形态和结构。园林中的楼阁通常被建置在园的边缘地带，以便于纵览全园。

其次，亭台楼阁作为园林景境创造的一个重要手段，其审美价值又远远超过它的实用功能。亭台楼阁是园林的景点，其本身具有审美价值；同时，它又为游赏者提供了登临以眺、寄怀情志的立足点，因此，聚园内、园外的景物于视野之内获无限空间的自然景观，就成为它的主要艺术目的，正如唐初诗人王勃在滕王阁中所领悟到的那样："天高地回，觉宇宙之无穷。"这从园林中亭台楼阁的题名也可以发现这一特点：北宋司马光《独乐园记》云："洛城踞山不远，而林薄茂密，常若不得见，乃于园中筑台，作屋其上，以望万安、轘辕，至于大室，命之曰'见山台'。"南宋吴自牧《梦粱录》记述德寿宫"有森然楼阁，匾曰'聚远'，屏风大书苏东坡诗：'赖有高楼能聚远，一时收拾付闲人'之句。"明王世祯《聚芳亭卷》云："间以故典考所谓亭馆以披玩卉木者，唐开成中，杨刺史汉公为园于白蘋洲，而亭之曰：'集芳'，见白少傅乐天记。宋牟端明子才为园于郡宦，而亭之曰：'芳菲'，见周弁阳公谨杂记。至元时闵廷举介甫为园于近郊，而亭之曰：'聚芳'，见陈进士遇记。"概而言之：园林中的亭台具有旷士之怀，楼阁有销忧披襟之致。

更为重要的是，跻身于园林中的"亭台楼阁"，负载着极其丰富的人文情怀，它以其独特的文化功能，受到历代文人雅士的百般钟情，以至在古典文学中形成了一个非常独特的门类：亭台楼阁记。翻开一本并非以写景为主的《古文观止》，记颂亭台楼阁的篇章却赫然醒目：东晋王羲之的《兰亭集序》；唐王勃的《滕王阁序》；宋欧阳修的《醉翁亭记》《丰乐亭记》《岘山亭记》；宋苏轼的《喜雨亭记》、《放鹤亭记》、《超然亭记》、《超然台记》、《凌虚台记》；宋苏辙的《黄州快哉亭记》；宋王禹偁的《黄冈竹楼记》；宋范仲淹的《岳阳楼记》；

故人西辭黃鶴樓烟花三月下揚州孤帆遠影碧空盡唯見長江天際流

明宋濂的《阅江楼记》；明王守仁的《尊经阁记》；清归有光的《沧浪亭记》。

当然，可例举的此类"记"文还有很多。亭记有：唐白居易的《冷泉亭记》、《白苹洲五亭记》，唐元结的《寒亭记》，唐韩愈的《燕喜亭记》，宋陆游的《登白云亭》，宋苏轼的《记游松风亭》、《书临皋亭》，宋苏辙的《武昌九曲亭记》，宋欧阳修的《丛翠亭记》、《峡州至喜亭记》，宋柳宗元的《邕州柳中丞作马退山茅草亭记》，宋杨万里的《真州重建壮观亭记》，宋苏舜钦的《沧浪亭记》，宋梅尧臣的《览翠亭记》，宋曾巩的《醒心亭记》，宋叶适的《醉乐亭记》，宋虞集的《小孤山新修一柱峰亭记》，元徐琰的《萃美亭记》，明文征明的《重修兰亭记》，明陈珂的《时雨亭记》、《抚安亭记》，明梁云构的《领珠亭记》，明吴廷翰的《孤云野鹤亭记》、《一笑亭记》，明袁中道的《楮亭记》，明陶望龄的《也足亭记》，明陈继儒的《虎丘三泉亭记》，明程嘉燧的《冷泉亭画记》，明王思任的《游丰乐醉翁亭记》、《二还亭记》、《通明亭初记》、《通明亭再记》、《媚樵亭记》，清袁枚的《峡江寺飞泉亭记》，清尤侗的《揖青亭记》，清廖燕的《隐乐亭记》，清王士桢的《雨登木末亭记》，清姚鼐的《岘亭记》，清杭世骏的《七峰草亭记》，清施润章的《就亭记》等。台记有：明刘侗的《钓鱼台》，清郑日奎的《游钓台记》，清宋琬的《爱山台铭》等。楼记有：唐阎伯瑾的《黄鹤楼记》，宋杨万里的《景延楼记》，宋叶适的《烟霏楼记》，元杨俊民的《修阳和楼记》，明徐渭的《借竹楼记》，明许成名的《重修光岳楼记》，明袁中道的《砚北楼记》，明陈继儒的《梅花楼记》，明曹学佺的《春风楼记》，明张岱的《烟雨楼》，清张德容的《重修岳阳楼记》，清李士桢的《镇海楼记》，清王国光的《重建阅江楼记》，清钱谦益的《花信楼记》，清陈瑚的《静观楼记》，清管同的《登扫叶楼记》，清吴驹的《养日楼记》，清施润章的《愚楼记》，清孔尚任的《海光楼记》等。阁记有：宋苏轼的《清风阁记》、《大悲阁记》、《四菩萨阁记》，元刘伯温的《松风阁记》，明朱徽的《花捧阁记》，明祁彪佳的《远阁》，清钱谦益的《憺归阁记》，清管同的《余霞阁记》，清梅曾亮的《钵

○ 岳阳楼
○ 番禺宝墨园聚
宝阁

山余霞阁记》等。

这些广为流传的传世名篇，也因文而使不少名亭、名台、名楼、名阁永著春秋。尽管多数建筑已经无存，但它们的人文价值却被保留在文人的名记之中。而在古代诗歌的汪洋大海里，描写亭台楼阁的诗词名章更是比比皆是。咏亭者如：唐杜甫《陪李北海宴历下亭》："海右此亭古，济南名士多。"李白《劳劳亭》："天下伤心处，劳劳送客亭。"王维《临湖亭》："当轩对樽酒，四面芙蓉开。"元结《宴湖上亭作》："广亭盖小湖，湖亭实清旷。"白居易《杨家南亭》："小亭门向月斜开，满地凉风满地苔。"宋苏轼《涵虚亭》："惟有此亭无一物，坐观万景得全天。"文同《面川亭》："幽亭最孤绝，直入乱丛间。"黄景仁《偕石缘游历下亭》："城外青山城里湖，七桥风月一亭孤。"戴复古《题春山李基道小园》："心宽忘地窄，亭小得山多。"叶梦得《绍兴乙卯登绝顶小亭》："缥缈危亭，独在笑谈千峰上。"张宣《题溪亭山色图》："江山无限景，都聚一亭中。"咏台者如：《诗经·灵台》："经始灵台，经之营之。"唐陈子昂《登幽州台歌》："前不见古人，后不见来者。念天地之悠悠，独怆然而涕下。"李白《登金陵凤凰台》："凤凰台上凤凰游，凤去台空江自流。"宋杨万里《三月晦日游越王台》："榕树梢头访古台，下看碧海一琼杯。"明尤侗《亦园十景竹枝词》："八尺高台四面空，解衣盘礴快哉风。"咏楼者如：汉《古诗十九首》："西北有高楼，上与浮云齐。"唐崔颢《黄鹤楼》："昔人已乘黄鹤去，此地空余黄鹤楼。"王之涣《登鹳鹊楼》："欲穷千里目，更上一层楼。"李商隐《安定城楼》："迢递高城百尺楼，绿杨枝外尽汀洲。"李白《与夏十二登岳阳楼》："楼观岳阳尽，川迥洞庭开。"宋苏轼《单同年求德兴俞氏聚远楼》："赖有小楼能聚远，一时收拾付闲人。"咏阁者如：唐王勃《滕王阁序》："滕王高阁临江渚，佩玉鸣鸾罢歌舞。"孙逖《宿云门寺阁》："香阁东山下，烟花象外幽。"宋苏轼《法惠寺横翠阁》："幽人起朱阁，空洞更无物。"黄庭坚《登快阁》："痴儿了却公家事，快阁东西倚晚晴。"戴复古《舣舟登滕王阁》："澄江浮野色，虚阁贮秋光。"傅淑训《晴川阁远眺》："江上风烟望武昌，临江高阁晓苍苍。"

闵麟嗣《空水阁》："一阁踞其巅，青苍于此聚。山僧不常栖，终年白云住。" 云南昆明大观楼

　　正因为亭台楼阁与古代诗文有着深厚的渊源，所以也就很自然地提高了它自身的文化品位，人们对它的认知程度也就随之提高。正如清代学者钱大昕所说："然亭台树石之胜，必待名流宴赏，诗文唱酬以传。"（《网师园记》）

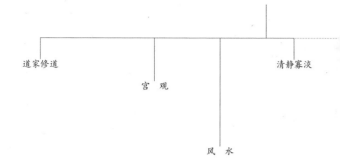

洞天福地

道家修道　　　　　宫　观　　　　　　　　　　　清静寡淡

风　水

"洞天福地"，道家所指神仙居住的地方，后用以比喻名山胜地。语出唐李冲
昭《南岳小录·叙录》："复有神仙圣境曰朱陵洞、洞天也……又有青玉坛、洞灵源、
光天坛，悉是福地。"元邓玉宾《端正好》套数："五岳十州，洞天福地，方丈蓬
莱，箫鼓笙簧。"亦作"福地洞天"，明人高明《琵琶记》："这般福地洞天，可知
有仙姝玉女。"

    道教始创于山野，起初并无专门的建筑，仙家多居山修道，
并把天下名山视为受神仙管辖的"洞天福地"。唐代司马承祯集录
的《天地宫府图》，五代道士杜光庭编录的《洞天福地岳渎名山记》，
皆记道教有"十大洞天"、"三十六小洞天"和"七十二福地"，内容
基本相同，说这些地方都是通天之境，是得道仙人的潜修炼养之处。
    道家修道的所谓"洞天福地"，最初叫治。张陵（一名张道陵）
于东汉在蜀郡创立道教之后，初在四川青城山传道，后又在全国陆
续建立起28个治，以为教徒的修炼之所。魏晋时期，治的名称又
被庐或靖（静）室所替代。唐宋以后才逐步趋于定型，大者曰道宫，
小者曰道观，一般通称为宫观。历史上最早出现比较正规的道教建
筑是南北朝时期。据《要修科仪戒律钞》引《太真科》说："立天师
治，地方八十一步……治正中央，名崇虚堂，一区七架六间十二丈，
开起堂屋，上当中央二间上，作一层崇玄台。当台中央，安大香炉……
崇玄台北五丈起崇仙堂，七间十四丈，七架，东归阳仙房，西为
阴仙房。"这里所记述的天师治已经是一个具有相当规模的建筑
群，其中的主体建筑是面阔六间的崇虚堂，堂的中央设崇玄台，台
上安置大香炉，在崇玄台北还建有面阔七间的崇仙堂。唐朝皇帝提
倡道教，令大兴宫观建筑。据《唐六典》所记，当时"凡天下观总
一千六百八十七所"。宋代也是宫观建筑相当繁荣的朝代，仅东京
汴梁城就建有道宫十六座，道观八座。其中，宋真宗时建造的上清
昭应宫，占地东西三百一十步，南北四百三十步。工程动用"凡役工
日三四万"，历时七年而成，规模十分宏大。元代重建的山西永济
县永乐宫一直保存至今，是我国目前保留最为完好的一座元代建筑，

文物价值极高。明之前遗存至今的著名道观尚有：苏州的玄妙观大殿，北宋创建；福建莆田的玄妙观，始创于唐，后代曾多次重修。

明清时期建造并遗留至今的道教宫观最多。1983年国务院曾批准21座全国道教重点宫观：北京白云观；辽宁沈阳太清宫，鞍山千山无量观；江苏句容茅山道院；浙江杭州抱朴道院；江西贵溪龙虎山天师府；山东青岛崂山太清宫，泰安泰山碧霞祠；河南登封嵩山中岳庙；湖北武汉长春观，丹江口武当山紫霄宫、太和宫；广东博罗罗浮山冲虚古观；四川成都青羊宫，都江堰青城山常道观、祖师殿；陕西西安八仙宫，周至楼观台，华阴华山玉泉院、镇岳宫、东道院。

道教宫观大多建置于名山胜境，山灵水秀、奇峰异壑，俨然天造地设。其建筑选址十分讲究风水，建筑布局遵循乾南、坤北、东离、西坎的先天八卦方位，建筑规制大多因袭传统的世俗建筑，远没有佛教建筑那么严谨，风格朴素无华，充分体现了清静寡淡的道家思想。在建筑装饰上则多采用象征长生不老、羽化登仙、吉祥如意等物品图案,如日月星云、山水石阁、神兽仙鸟、神符云篆、太极八卦等。

从宗教意义上说,道教宫观有所谓"俗界"和"仙界"之分,一般以华表为界。帝王宫殿、陵寝的华表多为圆柱体,上雕云龙;而道教宫观的华表则多为八角柱体,浮雕又多为祥云或八卦图案。如无华表者,以山门为界,山门外为"俗界",山门内为"仙界"。自"俗界"到"仙界",建筑层层遂升,至中庭达到高潮。中庭建三大殿:玉皇殿、四御殿、三清殿。由于地域、民情的不同,中庭三殿的布置不尽相同。正殿沿中轴线的两侧是配殿和道士生活用的配房。规模较大的宫观还带有花园,这种带有花园的宫观园林,也成为中国古典园林的一个重要类型。

洞房花烛

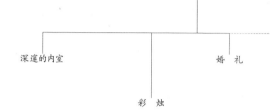

深邃的内室　　　　　　　　　　婚　礼

彩　烛

"洞房花烛",一作"花烛洞房"。此语见北周庾信《三和咏舞》诗:"洞房花烛明,燕余双舞轻。"洞房:深邃的内室,花烛:深室中的彩烛,原义指的是幽深而又豪华的居室。"洞房"后被引申为新婚卧房,由"洞房"和"花烛"构建的"洞房花烛"则用来喻指新婚之夜。这种词义上的转义也经历了比较漫长的演变过程。

先说"洞房"。洞者,《广雅》释:"深也。"含有幽深、深邃之义。房者,《释名》释:"房,旁也。在室两旁也。"意即室旁的小屋谓之"房";《园冶》释:"房者,防也。防密内外以为闼也。"意思是说,房有"防"的意思,即空间隐奥以分别内外,可作卧室之用。现今"房"、"室"无别,而古代却含义不同。《说文》段注:"凡堂之内,中为正室,左右为房,所谓东房西房也。"可见,"房"的本义就是正室两旁的居室。依据古代居住建筑格局,房屋的内部空间布局和外部空间(院落)布局,都有明确的方位。在户内,既有前、后之分,即所谓"前堂后室",又有中正和左右之分,即所谓"中为正室,左右为房"。在户外,中上正室为一家之"堂",左下和右下则是合院的厢房,亦称东房、西房、偏房、耳房。由此看来,被称之为"房"的居住空间,无论是户内还是户外,都处于最不显眼的边缘位置。由于房为内室,只设单扇门,"半门曰户",故而古诗文中说到户一般都指房之门,如古乐府《为焦仲卿妻作》:"府吏默无声,再拜还入户。举言谓新妇,哽咽不能语。……府吏再拜还,长叹空房中。作计乃尔立,转头向户里。"这说明,"房"的结构布局具有封闭、私密、鉴谧、宁静等明显的空间特征。因此,"洞房"的初始含义即指深邃的内室,它可以是普通的卧房,也可以是奢华的寝室。《楚辞·招魂》云:"姱容修态,絙洞房些",意思是说在幽深的"房"内满是貌美体修的佳人。这大约是"洞房"一词的最早出处。汉司马相如《长门赋》中亦有"悬明月以自照兮,徂清夜于洞房"的句子,说的是遭到汉武帝冷落的陈皇后,在明月高悬的长夜独守空"房"。《盐铁论》中有"高堂邃宇,广厦洞房"的句子,《新论》中有"居则广厦高堂,连闼洞房,下罗帷，来清风"的句子。晋陆机《君子有所思行》中又有"甲第崇高闼，洞房结阿阁"的句子，形容的都是等级较高的奢华房子。唐代以后，初始为幽深内室的"洞房"还被引申指僧人的山房，王维《投道一师兰若宿》："洞房隐竹深，清夜闻遥泉。"《西厢记》第一本一折写张生初游普救寺："随喜了上方佛殿，早来到下方僧院。行过厨房近西、法堂北、钟楼前面。游了洞房，登上宝塔，将回廊绕遍。"进而又被借用作男女欢爱的处所：沈佺期《古歌》："落叶流风向玉台，夜寒秋思洞房开。"乔知之《倡女行》："莫吹羌笛惊邻里，不用琵琶喧洞房。"白居易《空闺怨》："寒月沈沈洞房静，真珠帘外梧桐影。"王安国《减字木兰花》："不似垂杨，犹解飞花入洞房。"无名氏《墙头花》："蟋蟀鸣洞房，梧桐落金井。为君裁舞衣，天寒翦刀冷。"杜甫《洞房》："洞房环佩冷，玉殿起秋风。"张祜的《洞房燕》："清晓洞房开，佳人喜燕来。"以上言及的"洞房"虽然描写的都是"房"，但显然与新婚夫妇的卧房无关。

再说"花烛"。花烛即彩烛，也就是有彩饰的蜡烛。以膏脂制成用以取明者谓之蜡烛，出现于秦汉以后，南北朝始有彩饰的"花烛"。旧时多用于婚礼中。南朝梁何逊《看伏郎新婚》："何如花烛夜，轻扇掩红妆。"至宋时，花烛的装潢更加讲究，在双双对对的蜡脂上描金绘彩，雕龙刻凤。宋吴自牧《梦粱录·嫁娶》中云："新人下车……以数妓（伎）女执莲炬花烛，导前迎引。"清人于香草写过一本题为《花烛闲谈》的书，谈论的就是古代婚姻礼俗。

再回到由"洞房"和"花烛"组成的"洞房花烛"上来。这一美好话语最初出现在北周庾信的《三和咏舞》诗："洞房花烛明，舞余双燕轻。"但描写的却并非新婚之夜。直到唐代后期，由于朱庆余《近试上张水部》诗中"洞房昨夜停红烛，待晓堂前拜舅姑"名句的广泛流布，"洞房"才真正由本义为寝用内室而引申为新婚卧房，并和原本就多用于婚礼的"花烛"携手被赋予婚仪喜庆的甜美新意。自此"洞房花烛夜"的美好话语，也就成为人生至大喜事的吉祥祝愿，且频频出现在之后的各类文学作品之中。唐刘禹锡《苦雨行》：

"洞房有明烛，无乃酣且歌。"顾况《宜城放琴客歌》："新妍笼裙云母光，朱弦绿水喧洞房。"宋洪迈《容斋随笔·得意失意》："久旱逢甘雨，他乡遇知己，洞房花烛夜，金榜挂名时。"柳永《少年游》："昨夜杯阑，洞房深处，特地快逢迎。"赵文《花犯·贺后溪刘再娶》："洞底烛下应低语。晨妆须带曙。"万俟咏《钿带长中腔》："气融液散满洞房。"陈妙常《杨柳枝》："独坐洞房谁是伴？一炉烟。"吕渭老《千秋岁》："洞房晚，千金未直横波溜。"元王实甫《破窑记》一折："到晚来月射的破窑明，风刮的蒲帘响，便是俺花烛洞房。"刘庭信《正言端正好·金钱问卜》："何处也花烛洞房，那里也锦衾罗帐。"明朱鼎《玉镜台记·成婚》："洞房花烛夜燦煌，争看神仙仪仗。"高则诚《琵琶记》："清风明月两相宜，女貌郎才天下奇；正是洞房花烛夜，果然金榜题名时。"清文康《儿女英雄传》："天从人愿，实系'洞房花烛夜，金榜挂名时'也，真乃可喜可贺之至！"

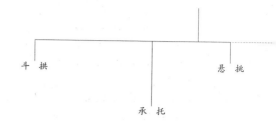

钩心斗角

斗拱　　　　　　　　　　　悬挑

承托

　　"钩心斗角"，语出唐杜牧《阿房宫赋》："五步一楼，十步一阁。廊腰缦回，檐牙高啄，各抱地势，钩心斗角。"文中的"钩心斗角"，亦作"勾心斗角"（古汉语中"钩"与"勾"相同）。这是一个源于建筑术语的流行成语，其原意是形容阿房宫建筑屋顶檐角结构的精巧工致，也可以被视为是形容中国古典建筑中柱头上承托栋梁的一组特有构件"斗拱"的专用术语。"钩"指斗拱构件之间的相互牵引和钩连；"心"指"斗拱"结构方法中的"计心造"和"偷心造"，即如梁思成所言："栌斗（斗拱）中心及每跳跳头或施横栱，谓之计心，或不施横栱，谓之偷心。"（《中国建筑史》）而"斗角"则是形容斗拱结构相向如兵戈相斗。杜牧用"钩心斗角"来赞美阿房宫屋顶的漫回钩心、垒砌斗角、统一均齐、对称严谨，带给人以视觉上的美感，这就是古建筑上的"钩心斗角"。但后人在使用这一成语时，更多的则是用作转义，比喻某些官场、派别的人之间各用心机，明争暗斗，互相排挤，明显带有贬义。鲁迅《两地书》："但他人谁会想到他为了争一点无聊的名声，竟肯如此钩心斗角，无所不至呢？"

　　斗拱是中国古代木构建筑中最有特点的部分，它被置于房屋柱头之上，屋檐之下，用来解决垂直和水平两种构件之间的重力过渡。斗拱是由两块简单的木头组合而成，一块像盛米的斗，另一块像弯起的弓。"斗"亦作"枓"，《广韵》释为："枓，柱上方木也。"为类似斗状的大木块。甲骨文和金文的"斗"字字形就是斗与柱子结合的形状。"拱"，《尔雅》释为："枅谓之栌……大者谓之拱。"为类似弓形的短木。李诫《营造法式》卷四《拱》："其名有六，一曰开，二曰槉，三曰欂，四曰曲，五曰栾，六曰拱。"

　　斗拱的起源说法不一，目前最早的斗拱形象出现在西周时的青铜器上，但使用到建筑上的年代却以难考定。《论语》里有"山节藻梲"的话，意思是说，用山峦般重叠的斗拱和饰有水草纹短柱的彩绘进行装潢，"节"即指斗拱，这大概是古文献中有关"斗拱"的最早记载。另外，在汉代以降的历代画像砖（石）、墓葬、明器、石阙、石窟以及敦煌壁画上，也都能见到斗拱的踪影。唐代起有木结构建筑保存下来，加上有宋代《营造法式》的翔实载录，斗拱的本来面目也就变得更加清晰。

　　斗拱不是一个单独构件，而是一组构件，每一组斗拱称之为一朵（宋）或一攒（清），每攒（朵）斗拱又有几十个不同构件，每个构件的名称依时代不同又叫法各异，甚是繁杂，但其主要构件不过斗、拱、升、昂、翘、头等。在不同等级的建筑物上，一组斗拱可以是一攒（朵），也可以是多攒（朵），每攒（朵）斗拱又随其出跳多少而有多种称谓。清式斗拱出一跳为三踩，二跳为五踩，最多的是五跳十一踩，但很少使用，明清北京紫禁城的正门（午门）和正殿（太和殿）的斗拱也只用到四跳九踩。实际上，传统建筑对斗拱的使用是有严格限制的，如明代规定："庶民庐舍，洪武二十六年定制，不过三间五架，不许用斗拱，饰彩色。"（《明史》）但在明清的官式建筑中甚至出现过"镏金斗拱"。在这里，房屋的一组斗拱也被深深打上了等级的烙印。

斗拱是一个既简单而又复杂的房屋构件，说简单，因为它的组合不过是两个木块的重复交叠，即"斗"上置"拱"，"拱"上置"斗"，"斗"上又置"拱"，千篇一律；说复杂，因为它在简单的重复中可以奇迹般演化到"说不清"的程度，真可谓千变万化，清代工部的《工程做法则例》一书，竟用洋洋洒洒十三卷的篇幅（全

角科斗拱

书七十三卷），总共列举了30多种不同类型的斗拱，正如日本学者伊东忠太《中国建筑史》书中所言："中国之斗拱种类之多，甚至不能详细调查。"原理有点像汽车轮轴上的钢板弹簧弓。就是这么一个简单的悬臂支撑构件，先古的匠师却把它发挥得淋漓尽致，它的巧妙无与伦比，它的成就令世人震惊。在结构功能上，它向上可以承托屋顶的重量，向下又把重量传递到立柱再到地上，向外悬挑则可使出檐达到400厘米以上，以承受屋檐于平座回廊的重量，向内又能缩短梁枋跨度，减少梁枋所受的弯力和剪力，"以增加梁身在同一净跨下的荷载力"（梁思成），从而加大开间宽度。在审美功能上，斗拱结构造型错综多姿、雕饰和彩绘富丽异常，具有独具风韵的装饰之美，从而令结构机能和审美形象取得和谐统一，使建筑物的风采由技术升格为艺术。"远远望去，一攒攒的斗拱好像层层叠叠的波涛，将庞大的屋顶烘托得犹如航行的船只般。斗拱是属于大式（高级）建筑的构件，因此就算是船，也是琉璃生辉的船（高级建筑的屋顶大都采用琉璃瓦）；斗拱，即是色彩豪华的浪花。"（赵广超《不只中国木建筑》）

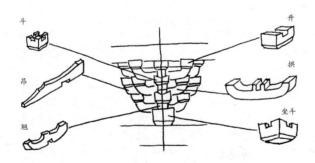

壶中天地

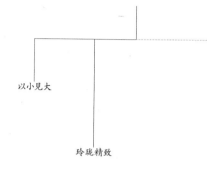

以小见大

玲珑精致

　　"壶中天地",源出《后汉书·方术传下》:"费长房者,汝南人也。曾为市掾,市中有老翁卖药,悬壶于肆头,及市罢,辄跳入壶中,市人莫之见,唯长房于楼上睹之,异焉,因往再拜,奉酒脯。翁知长房之意其神也,谓之曰:子明日可更来。长房旦日复诣翁,翁乃与俱入壶中,唯见玉堂严丽,旨酒甘肴,盈衍其中,共饮毕而出。翁约不与人言之。后乃就楼上候长房曰:我神仙之人,以过见责,令事毕当去,子宁能相随乎?……"这则原本由道家方士自神其术所编造的奇幻故事,却从一个侧面反映了人们希望找到一方容身安命、避世远祸的小小天地,而园林恰好就是士大夫文人最好的栖息处所,所以被明代造园大师计成用以解说造园艺术,他在《园冶》中曾反复提出:"板壁常空,隐出别壶之天地。"(装折)"伟石迎人,别有一壶天地。"(门窗)"石理如刷丝,色亦微润,扣之有声,东坡称赏,目之为'壶中九华'。"(选石)形容石小而灵奇如壶中仙山境界。苏轼《壶中九华》诗:"五岭莫愁千嶂外,九华今在一壶中。"

　　古代文人士子借方士们编造的故事,视园林为"壶中天地",并刻意以"以一当十"的艺术原则来构建只有"一壶天地"的世外桃源和人间仙境。用"壶中"来比喻小巧玲珑的园林,最早可能始于北周的庾信,他不仅自置"小园","数亩蔽庐,寂寞人外……纵横数十步,榆刘两三行……一寸二寸之鱼,三竿两竿之竹",还专门作《小园赋》,提倡以小见大的造园思想,他说:"若夫一枝之上,巢父得安巢之所;一壶之中,壶公有容身之地。"中唐以后,造园在审美尺度上"以小为美"的思想逐渐占据主流,这与之前以大为主的艺术欣赏趣味大相径庭。古典园林中的秦宫汉苑贪大务博,以"巨丽"为美,正如司马相如在《上林赋》中所言:"君未睹夫巨丽也,独不闻天子之上林乎?"六朝以后,在道禅哲学思想的影响下,中国艺术中的崇"小"风尚开始深入人心,到了唐宋时期,这一倾向则更加明显。反映在造园上也就变得日趋"小型化","占尽风情向小园",文士们以片断小景为美的心灵境界,反映了一种追求自然心性的审美倾向。元结诗云:"巡回数尺间,如见小蓬莱。"刘禹锡云:"看画长廊遍,寻僧一径深。小池兼鹤净,古木带蝉秋。"小池古木幽径,如此微小的世界却能成为士人栖身息心的最佳场所。白居易对于小园的理解则更加深刻："竹间琴一张，池上酒一壶。……诚知厌朝市，何必忆江湖。能来小涧上，一听潺湲无？"（《闲居偶吟，招郑庶子、皇甫郎中》）"闲意不在远，小亭方丈间。西檐竹梢上，坐见太白山。"（《病假中南亭闲望》）"竹药闭深院，琴樽开小轩。谁知市南池，转作壶中天。"（《酬吾七见寄》）"不斗门馆华，不斗林园大。但斗为主人，一坐十余载。……以此聊自足，不羡大池名。"（《自题小园》）诗人所极力追求的小园意韵，受到后世多数文人的推崇。苏轼就非常赞赏白居易的雅趣。他曾在《池上二首》中写道："不作太白梦日边，还同乐天赋池上。……此池便可当长江，欲榜茅斋来荡漾。"文人园林作为精神空间是不能以真实空间的大小为衡量尺度的。朱敦儒《感皇恩》词云："一个小园儿，两三亩地。花竹随宜旋装缀。槿篱茅舍，便有山家风味。等闲池上饮，林间醉。……洞天谁道在，尘寰外。"词人自家经营的小园，俨然就是一个尘寰、一个世界。黄公度的《满庭芳》词也曾咏叹过一个小园："一径叉分，三亭鼎峙，小园别是清幽。曲阑低槛，春色四时留。"宋代书家米芾曾得一奇石，传为南唐后主御府之宝物，径长一尺，中凿为砚，称砚（研）山。米芾在《研山》诗序中说："谁谓其小，可置笔研，此石形如嵩岱，顶有一小方坛。"米芾用这一绝妙盆玩换得一处宅基，筑"海岳庵"。百年后，南宋名将岳飞之孙岳珂在旧址构"研山园"，冯多福在《研山园记》中写道："夫举世所宝，不必私为己有，寓意于物，固以适意为悦，且南宫研山所藏，而归之苏氏，奇宝在天地间，固非我之所得私，以一卷石之多而易数亩之园，其细大若不侔，然己大而物小，泰山之重，可使轻于鸿毛，齐万物于一指，则晤言一室之内，仰观宇宙之大，其致一也。"于精微处创造深广的艺术空间，几乎成了这一时期文人的自觉追求。

　　明清时期文士的小园情结更加浓重。生活于明末清初的文化闲人李渔，在金陵构筑"芥子园"："地止一丘，故名芥子，状其微也。往来诸公见其稍具丘壑，谓取芥子纳须弥之义。"极称园之小，芥即小草，故《庄子》中有"芥舟"之喻。在芥子之中构筑园林景观以体悟须弥高广的世界。明潘允端在上海筑"豫园"，入门处"竖一小坊，曰人境壶天"。明米万钟在北京构"勺园"，取"海淀一勺"之意。勺园处于海淀之中，一汪水称为淀，而当时不过一条溪水的勺园，却要表现对大海的期许，"一勺水就是大海"，以小见大之意不言自明。明王世祯在江苏太仓构筑"弇山园"，园中建有"壶公楼"，其楼虽微小如壶，但四周皆景，有"入狭而得境广"之感。山东潍坊之清代名园"十笏园"，以古代上朝时所持之笏板来形容庭园之小。园主丁善宝自撰《十笏园记》中说："以其小而易就也，署其名曰十笏园，亦以其小而名之也。"陈从周曾触景咏曰："亭台虽小情无限，别有缠绵水石间。"清两淮盐商黄应泰曾在扬州宅园（个园）的见山楼题"壶天自春"匾，寓"不出户而壶天自春"。北京昔有"半亩园"，清代画家龚贤在一首题半亩园诗的跋文中写道："余家草堂之南，余地半亩，稍有花竹，因以名之，不足称园也。"苏州有"半园"，俞樾为之作园记，谓此园"少少许胜多多许"。清俞樾在苏州构"曲园"，园地形如篆文曲字，故名。又因园小，"一曲而已"，遂以"一曲之士"自居，自号"曲园居士"。苏州的"残粒园"，取李商隐诗中"红豆啄残鹦鹉粒"之句来喻一方小园。苏州的"一枝园"，亦取意于《庄子》："鹪鹩巢林，不过一枝。"除了这些"以少胜多"的小园精品外，直接以"小"冠名的园林更是不胜枚举。如扬州有小洪园、小盘谷、小圃、小苑、小园、小香雪、小东园、田氏小筑、杨氏小筑、刘氏小筑、李氏小筑、濠梁小筑，杭州有小瀛洲，南浔有小莲庄，苏州则有天香小筑、小虎邱、小洞庭、小桃园、小丹邱、小狮林、侍读小园、真如小筑等。

　　造园家聚景壶中的精雕细凿，也令观赏者通过自己的"澄怀味象"去体会"会心不必在远，得意不必求高"的艺术境界。

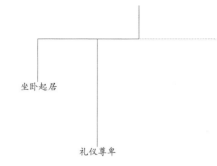

席地而坐

坐卧起居

礼仪尊卑

"席地而坐"，语出《旧五代史·李茂贞传》："但御军整众，都无纪律，当食造庖厨，往往席地而坐。"席：宴席，席地：坐在地上的进餐方式，后引申泛指铺席于地以为坐，即在地上坐。

➲ 唐孙位《高逸图》中的阮籍

　　古代人曾长期保持席地而坐（卧）的生活习俗，即通常所说的"席居"。由于缺少考古实物，席的源头一时还难下定论，但有两点是可以断言的：一、作为室内坐（卧）具，席的出现远比床榻、桌椅、案几要早，它应是人工制造的最原始家具；二、根据古文献中的相关记载，远在春秋战国时期，席的应用已经非常普及。《左传》中记吴王"食不二味，居不重席"。又记鲁国的用席礼节："升堂脱履，登席脱袜。"《拾遗记》中说燕昭王时，"广延国来献舞者二人……乃设麟文之席……使二女舞其上"。

　　制席的材料很多，按《周礼·司几筵》有所谓"五席"，即：莞、藻、次、蒲、熊。其中，用莞（俗名席子草）、蒲（俗名香蒲，水生植物）制作的席最为常见；用藻（水草）制成的席则"编以五采"，是较为讲究的草席；所谓次席，即桃枝席，是竹席的一种，故而又称桃枝竹；以上四种皆由植物编织而成，唯独熊席用的是熊皮，也就是熊皮褥子，自然是较为高级的品种。除此之外，也有用稀有珍贵材料制成的席子，如龙须、薤白（药用植物）席、紫藤席、象牙席、金席、玉席、琥珀席等，这类稀罕奢侈之物，普通百姓自然无法享用。席也有作特殊用处的，如"蒯席"，因其"涩"，便于洗足，于是就成了洗足的专用席；最为糟糕的一种席子名叫"席槀"，用禾秆编织而成，不能随意使用，只有罪人才配坐卧，有点类似"负荆请罪"，《史记·范睢传》中"应侯席槀请罪"即为一例。

　　古代虽说是"居必有席"，但也有等级、性别和尊卑之分。在席地而坐的时代，席不仅是室内最重要的陈设，而且许多礼仪也都系于坐席。《礼记》中记述有种种古代布席规矩，如："天子之席五重，诸侯之席三重，大夫再重。"重席就是席上加席，以示尊贵。又如："群居五人，则长者必异席"、"父子不同席"、"为人子者……坐不中席"、"女

子已嫁而反，兄弟弗与同席而坐"等。另如，"同席"示亲近，"徹席"示谦抑，"下席"示礼貌，"侧席"示自贬，"避席"示谦卑，等等。诸如此类的限定，一方面反映了居室主人的礼俗观念和生活习惯，另一方面也对古代建筑格局和尺度体系的形成产生了重要影响。

围绕席的典故有很多。旧称朋友绝交为"割席分坐"，其典出《世说新语·德行》："管宁、华歆共园中锄菜，见地有片金，管挥锄与瓦石不异，华捉而掷去之。又尝同席读书，有乘轩冕过门者，宁读如故，歆废书出看。宁割席分坐，曰：'子非吾友也。'"三国魏管宁发觉他的朋友华歆贪鄙，便分开坐席与之绝交。清黄景仁《将之京师杂别》："割席管宁休罢读，分财鲍叔尚知贫。"旧指才高雄辩为"据席谈经"，亦称"夺席谈经"，其典出《后汉书·儒林传上·戴凭》："光武帝时，正旦朝贺，百僚毕会。帝令群臣能说经者更相难诘，义有不通，辄夺其席，以益通者。戴凭习《京氏易》，与诸儒难说，重坐五十余席，故京师为之语曰：'解经不穷戴侍中'。"汉光武帝刘秀喜欢谈经，令能谈经的群臣相互诘难，败者就将席位让给辩胜者，侍中戴凭在辩论中驳倒了五十九位，于是赢得"重坐五十余席"的优礼。

《后汉书·戴凭传》亦有相同记述："时诏公卿大会，群臣皆就席，(戴)凭独立。光武问其意，凭对曰：'博士说经皆不如臣，而坐居臣上，是以不得就席。'帝即召上殿，令与诸儒难说，屏多解释。帝善之，拜为郎中。"唐张籍《赠殷山人》："讲序居重席，群儒愿执鞭。"宋黄庭坚《再答明略二首》其二："据席谈经只强颜，不安时论取讥弹。"清黄遵宪《感怀》："戴凭席互争，五鹿角娄折。"

以席为歌咏对象的古代诗词不少。《诗经·斯干》："下莞上簟，乃安斯寝。"屈原《九歌·东皇太一》："瑶席兮玉瑱，盍将把兮琼芳。"三国魏张纯《赋席》："席为冬设，簟为夏施，揖让而坐，君子攸宜。"南朝宋鲍照《代白纻舞歌词》："象床瑶席镇犀渠，雕屏合匝组帷舒。"南朝梁柳恽《咏席》："罗袖少轻尘，象床多丽饰。"唐李商隐《贾生》："可怜夜半虚前席，不问苍生问鬼神。"又《荷花》："瑶席乘凉设，金羁落晚过。"王季友《古塞曲》："金罍何足贵，瑶席几回升。"刘禹锡《酬严给事贺加五品》："雕盘贺喜开瑶席，彩笔题诗出琐闱。"李贺《恼公》："象床缘素柏，瑶席卷香葱。"韩愈《郑群赠簟》："蕲州笛竹天下知，郑君所宝尤瑰奇。"曹松《碧角簟》："五月不教炎气人，满堂秋色冷龙鳞。"宋苏轼《赠章默》："朝吟噎邻里，夜泪腐茵席。"惠洪《予在龙安木蛇庵除夕微雪及辰未消作诗记之》："归来檐溜滴，坐席初未暖。"辽萧观音《回心院》："笑妾新铺玉一床，从来妇欢不终夕。展瑶席，待君息。"元王沂《七曲文昌词》："初无瑶席椒浆奠，空望灵旗鹤驾来。"明刘炳《春夕直左掖怀周侍御》："忆我同袍人，何繇共瑶席。"王洪《观灯赋》："举霞觞，肆瑶席。"

唐末，随着胡床、高桌、椅子和凳的出现，汉人延续了千年以上的坐卧起居方式，开始由席地而坐逐渐过渡为垂腿而坐，这一生活习惯的大变化，令曾经"席卷全国"的席居制度也随之消失。"席地而坐"的生活习俗虽然不复存在，但作为日常生活用具的席子，至今仍是家居中的必需品，制作日益精美，品类更加多样的一方方凉席，在炎天酷暑中却可以造出一角清凉的小天地，无不令人感到惬意。

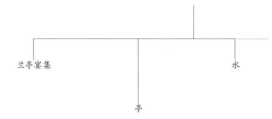

流觞曲水

兰亭宴集　　　　　亭　　　　　水

"流觞曲水"，这一著名典故出自晋代"书圣"王羲之的《兰亭集序》："永和九年，岁在癸丑，暮春之初，会于会稽山阴之兰亭，修禊事也。群贤毕至，少长咸集。此地有崇山峻岭，茂林修竹，又有清流激湍，映带左右。引以为流觞曲水，列坐其次。虽无丝竹管弦之盛，一觞一咏，亦足以畅叙幽情。是日也，天朗气清，惠风和畅，仰观宇宙之大，俯察品类之盛，所以游目骋怀，足以极视听之娱，信可乐也。"序言中所说的"修禊事"，源于古代民俗，据南朝梁宗懔《荆楚岁时记》："三月三日，士民并出江渚池沼间，为流杯曲水之饮。"即年逢阴历三月三日为修禊日，就水边嬉游，以消除不祥。王羲之等文人为修禊事在兰亭雅集，他们沿环曲清流列坐，作文吟诗，并在上流放置酒杯，任其顺流而下，停杯人前者取而饮之，以相互为乐，是为"流觞"。"觞"，就是酒杯。

➜ 浙江绍兴兰亭
➜ 北京故宫乾隆
花园禊赏亭

永和年间王羲之等聚会的"兰亭"胜景早已无迹可寻，甚至连确切地点也难以考定。然而，古人所构想的"流觞曲水"，在1600多年的历史长河中，"流觞"遗风始终为世人所仰慕，兰亭亦"兴废不知又几度"。今浙江绍兴西南兰渚山下的"兰亭"，建于明嘉靖年间，清康熙、乾隆两帝都曾为此咏诗题字。"曲水邀欢处"匾额悬于"流觞亭"内，下挂兰亭修禊图一轴，古风犹存。

由兰亭宴集而首创的"流觞曲水"欢聚，后来成为历代文人所仰慕的千古韵事，并将这一艺术轶事入画、入诗。唐代以后，在宫廷园林和私家宅园中，也先后出现了专为"流觞曲水"而设置的景观类别，从而逐渐成为我国古代园林欣赏的一项重要内容。唐代诗人张籍和韦处厚各有《流杯渠》诗传世，诗中所咏即韦处厚宅园"盛山别业"中的水景"流觞曲水"。唐相李德裕在洛阳的宅园"平居山庄"亦有"流杯亭"胜景。清大型宫苑避暑山庄和圆明园，分别有"曲水荷香"和"坐石临流"胜景，都是仿拟绍兴兰亭"流觞曲水"而构筑的，康熙不仅为曲水荷香题景，还赋诗并序，自诩胜过兰亭，其序云："碧溪清浅，随石盘折，流为小池，藕花无数，绿叶高低，每新雨初过，平堤水足，落红波面，贴贴如泛杯，兰亭觞咏，无此天趣。"乾隆也曾"坐石临流"题诗："白石清泉带碧萝，曲流贴贴泛金荷；年年上巳寻欢处，便是当年晋永和。"格外值得一提的是：

 安徽滁州琅琊山意在亭流觞曲水

 落户日本新潟天寿园中的流觞曲水

安徽著名风景园林滁州琅琊山有座意在亭，也是依照"流觞曲水"、"一觞一咏"的意趣而营造的一处颇具象征意味的水景——流杯水渠不在亭内，而是曲曲弯弯地盘旋于方形小亭四周。眼前虽无水，但心中却感受到几分水意。

当然，古典园林中的"流觞曲水"，比起兰亭那"崇山峻岭，茂林修竹，又有清流激湍"的大自然中的"流觞曲水"，只不过是一种象征的景致而已，因为在园林中构筑一条适宜流觞的曲水并不容易，于是造园者就把可以代替渠水的微型水渠（在基石上凿成的曲折沟槽）与小型亭建筑相结合，营造了诸如"流觞亭"、"禊赏亭"、"流音亭"等特殊建筑水景。由北宋"将作监"李诚主持编修的官方《营造法式》，就专门列出有关"流觞亭"的地面曲水做法，成为一种非常特殊的园林室内游赏建筑。类似的景致在全国各地的古典园林中有不下数十处。著名的如北京故宫乾隆花园中的禊赏亭，这是一座平面呈"凸"字形，立面为重檐攒尖顶的亭式建筑，在东向凸出的抱厦内，青石地面凿有蜿蜒曲折的流杯渠。渠内注入的清水水源来自衍祺门旁水井边的两口水缸。亭的四周有石栏环绕，在汉白玉栏板上雕刻有千姿百态的斑竹，这不难看出它的兰亭遗韵。当年，清乾隆帝与王公大臣常泛杯其间，吟诗作赋，以效"一觞一咏"之雅俗。另如，北京西苑（中南海）内筑有流杯亭，系四角攒尖方亭，亭内有流水九曲，清康熙帝曾为此亭题额曰"曲涧浮花"，后乾隆帝又在亭上题额曰"流水音"。北京恭王府花园内亦有流杯亭，建在园门一侧的假山旁，其水源就取自假山东南的一口水井；上海豫园内的流觞亭，建在一座曲桥边的石矶之上，为一娟小玲珑的六角攒尖顶水亭，因亭小无法凿渠，但亭外却清流回环，同样可领略"流觞曲水"之趣。

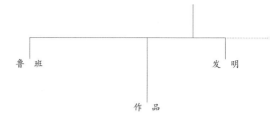

班门弄斧

鲁班　　　　　　　作品　　　　　　　发明

"班门弄斧"，语出唐柳宗元《王氏伯仲唱和诗序》："操斧于班、郢之门，斯强颜耳。"班：鲁班，姓公输名般，一作鲁般、公输般、公输盘、公输子，春秋末战国初鲁国的巧匠；郢：郢人，楚国郢都的巧匠。柳宗元自谦地说自己为王氏兄弟的诗集写序，就像在班、郢面前舞弄斧头似的不自量力，今比喻在行家面前卖弄本领。宋欧阳修《与梅圣俞书》："昨在真定，有诗七八首，今录去，班门弄斧，可笑可笑。"

○ 明《三才图绘》中的木工规、绳

鲁班是国人所熟知的一位古代建筑大师，他被建筑工匠尊为"先师"，或者说是"神"。关于他的事迹大多来源于民间传说或非官方的著述，正史所记极为罕见。汉赵岐注《孟子·离娄》中说鲁班据传是鲁昭公之子。张衡《西京赋》谓："般，鲁班，一云公输之子，鲁哀公时巧人。"《汉书·古今人表》中将其列在孔子之后、墨子之前。据考，他大约生于公元前 507 年，卒于公元前 444 年。关于他的故里，据学者任继愈的考证当在山东滕州。有一本民间流传的《鲁班经·仙师源流》（湖北竹溪文化馆藏本），对鲁班的生平介绍甚详，录此备考："姓公输，名盘（通班），字依智，鲁之贤胜路东平村人，生于鲁定公三年甲戌五月七日午时"，并说鲁班出生时"白鹤群集，异香满室弗散，人咸奇之"。鲁班成名亦非一帆风顺，他"七岁嬉戏，不学，父母深以为忧，迨十五岁幡然从游于子夏之门人……因游说列国，志在尊周而计，不行，归隐泰山之南小和山，避姓埋名十三年，后遇木工大师鲍老辈指点授业，木工技艺大增……不惑后再隐历山至卒年"。

鲁班有很多传说中的发明与作品。《墨子》载鲁班"为楚造云梯之械，将以攻宋"。又记"公输子削竹木以为鹊，成而飞之，三日不下"。又记"公输子自鲁南游楚，焉始为舟战之器，作为钩强之备，退者钩之，近者强之，量其钩强之长，而制为兵，楚之兵节，越之兵不节，楚人因此若执，亟败越人"。《论衡》中说"巧工为母作木车马，木人御者，机关备具，载母其上，一驱不还，遂失其母"。《物原·器原》上说："般作砻、磨、碾"。又说"般作刨、钻、隈括"。鲁班所发明

矩图为方制度

矩图为圆制度

绳图为直制度

准图为平制度

的这些机械中，云梯是用来攻城的，鹊（后人也称之为飞鸢或木鸢）是人类最早的飞行器，钩强是水战用的舟战工具，木车马则是世界上最早的机动车，砻、磨、碾是粮食加工机械，刨和钻则是木工工具。除此之外，锯子、铲子、凿子、门尺、墨斗等木工工具以及古代门扇上的铺首也都是鲁班发明的。

唐代以后，民间关于鲁班的传说更加普遍，甚至把古代许多著名建筑都假托在鲁班头上。如：中外驰名的河北赵州桥，本为"隋匠李春之迹"，但民间广为流传的传统歌舞剧《小放牛》中的两段唱词，却说桥是鲁班修造的，一段唱词说："赵州石桥是什么人修？玉石栏杆什么人留？什么人骑驴桥上走？什么人推车轧了一道沟？"另一段唱词说："赵州石桥是鲁班爷爷修，玉石栏杆是圣人留，张果老骑驴桥上走，柴王爷推车轧了一道沟。"又如：鲁班爷下凡设计北京故宫角楼的传说也很有名。据说明成祖朱棣迁都北京建设紫禁城宫殿时，有一天在梦境里竟然见到一座"九梁十八柱七十二脊"的"仙楼"，次日即传旨造办处，命他们九天内在城角依样建造角楼一座，否则杀无赦。正当匠师们心急如焚，一筹莫展之际，鲁班爷化身一个卖蝈蝈笼的老头儿，忽然出现在他们面前，而他手提的蝈蝈笼子，恰好就是角楼的模型，匠师们喜出望外，并得以完成任务。此外，历史上还有不少与土木营造相关的书籍也都附会在鲁班名下，其中流布最广、影响最大的是《鲁班经》和《鲁班营造正式》。

特别值得细说的是传为公输班发明的鲁班尺。古代尺制有若干系统，其中木工、刻工、石工、量地等建筑用尺通称为木工尺或营造尺，而公输班又是木瓦石匠业的祖师，故也称鲁班尺。木工尺有直尺和曲尺之分，曲尺两边夹角为直角，即古代所谓的"矩"。在民间工匠中经久流行的鲁班尺，其实是一种专门为确定房门尺度而使用的"门尺"（亦称门光尺）。无名氏《阳宅十书》上说："海内相传门尺数种，屡经验试，惟此尺为真。长短协度，凶吉无差。盖昔公输子班造极木作之圣，研穷造化之微，故创是尺，后人名为鲁班尺。"鲁班尺最初记述在南宋陈元靓《事林广记·引集》卷六"鲁班尺法"："鲁班即公输班……其尺也，以官尺一尺二寸为准，均分为八寸，其文曰财、曰病、曰离、曰义、曰官、曰劫、曰害、曰吉；乃北斗中七星与辅星主之。用尺之法，从财字量起，虽一丈十丈皆不论，但与丈尺之内量取吉寸用之；遇吉星则吉，遇凶星则凶。亘古及今，公私造作，大小方直，皆本乎是。作门尤宜子（仔）细。"明代刻本《鲁班营造正式》中也有记载："鲁班尺乃有曲尺一尺四寸四分，其尺间有八寸，一寸准曲尺一寸八分；内有财、病、离、义、官、劫、害、吉也。凡人造门，用以尺法也。"古代对门尺的使用相当讲究。梁思成先生编定的《营造算例·装修》说门口须"按门光尺定高宽，财病离义官劫害福（吉）每个字一寸八分"。《清工部工程做法则例》中也以大量篇幅开列出与门光尺"吉"字相合的门口高宽尺寸。清人李光庭《乡言解颐》中载："门光星，大月从下逆数，小月从上顺数，逢白字大吉，丫字损畜，人字损人，安门者不可不知。"《鲁班经》上说："惟本门与财门相结最吉，义门惟寺观学舍义聚之所可装，官门惟官府可装，其余民俗只装本门与财门，相结最吉。"看来，用门尺裁定门的高宽，关键在于如何选定八寸中凶和吉。选凶还是选吉，自然是工匠手中的"神尺"说了算。有一副民间门联曰："安门请到公输子，立户聘来姜太公。"可见，造门是离不开门尺的，门尺的使用也间接地促进了门窗尺寸的规格化。

秦砖汉瓦

画像砖

瓦　当

●北魏兽面砖
●汉代空心画像砖

"秦砖汉瓦",本是文物考古和考据学上一个常用的熟语,但世人却多误指为秦代始有砖,汉代始用瓦;或被误指为是一种修辞手法,犹如唐诗中的"秦时明月汉时关"。其实,"秦砖汉瓦"之提出并非源于房屋建筑工程,而是起始于金石学的研究。近人赵汝珍所著《古玩指南·古代砖瓦》中说:"及有清末季,考据盛行,遂于古人所忽视之处,另辟新径,对于砖瓦文字极力讲求。此后,秦砖汉瓦遂著称于世矣。"

说到砖和瓦,一般人想象总以为是房屋之砖瓦,其实并不尽然。起始于金石学研究的所谓"秦砖汉瓦",即使从建筑的角度来说也是不准确的,因为瓦出现在西周,砖出现在东周,先有瓦,后有砖,所以并非"秦砖汉瓦"。而作为金石学家所习用的一个术语,它特指的却是秦汉时期的画像砖和瓦当。周之砖瓦虽古于秦汉,但并无太大价值,而秦汉画像砖和瓦当之所以可贵,原因是上面刻有文字和图像。这些文字和图像所涵盖的内容,被许多学者视为是一部形象的先秦文化和汉代社会的百科全书。

画像砖是古代嵌砌在墓室壁面上的一种特殊的砖,是一种极具装饰意蕴的建筑构件,所以它在美学上的价值超过了实际功能。画像砖最早出现在秦代,但秦砖中的佳者已属罕见,今日所得见者,大都为汉砖。出土汉砖主要分布在三个区域:以河南为代表的中原、以四川为代表的西南和以江苏为代表的江南。其中艺术水平最高,且更具时代特征的代表作品创作于河南和四川。画像砖的形制大致分为两类:一类是出现较早、形体较大、形状各异的空心画像砖,一类是形状近似方形或长方形的实心画像砖。画像砖题材庞杂,记录丰富,文字多为某某年某月、岁在某某以及万岁富贵之祝福词;图像内容包括市容风貌、社会民俗、仕宦家居、农业生产、车骑出行、舞乐百戏、神话传说、历史故事、灵兽瑞鸟、花鸟图纹等,形象繁多生动。其表现形式多为阳刻线条,阳刻平面与线浮雕等相结合。我国邮政部门曾经发行过一套"东汉画像砖"专题邮票,共四枚,其图案选材均来自四川出土的实心画像砖,画面分别是"井盐生产"、

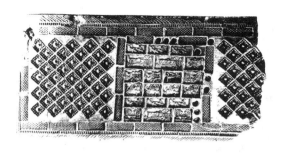

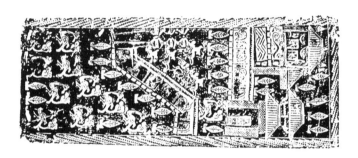

"住宅建筑"、"射猎农作"、"马车过桥"。这些对当时现实生活的生动描绘，展现出一幅幅格调清新的古代社会风俗画。

河南许昌有座名为清真观的古建筑，建于明万历年间，其中的墙壁用砖，有很多都是汉代的画像砖，堪称文物中藏有文物。可见，早在明代中叶以前即有大量画像砖的出土，惟未引起人的重视，只是将其视为建筑材料而加以利用。及至清中叶金石家张芑堂撰《金石契》，首次提出"画像砖"这一专用名称，并附刻图像，从此也才引起收藏家的注意。清"扬州八怪"之一的罗聘、清著名文学家刘鹗以及近代的鲁迅，都是画像砖的收藏者和传播者。鲁迅先生曾对好友许寿裳说："汉画像的图案美妙无伦。为日本艺术家所取，即使一鳞一爪，已被西洋名家交口赞许，说日本的图案如何了不得，了不得！而不知其渊源固出于我国的汉画呢！"据鲁迅博物馆所编《俟堂专文杂集》介绍，鲁迅自1913年始就注意刻有图像砖石的搜集，现存北京鲁迅博物馆的很多画像砖（石）拓片，即为鲁迅生前精心所集的珍贵文物资料。

与画像砖相比，瓦当可以算得上金石学研究领域当中较早的门类之一。北宋元祐六年（公元1091年），宝鸡农民权氏濬池得古瓦五，瓦文曰"羽阳千岁"，为秦武公羽阳宫瓦。此事载王辟之《渑水燕谈录》，为记述古瓦当的最早文献，也是瓦当收藏研究的端始。历经宋、元、明而至清大盛。清末大兴之考据学风，更是大大推动了瓦当的著录、收藏和研究，甚至时人竟往秦汉故址探查搜求，一时成为风尚。

瓦当是古代建筑屋顶的檐头瓦，又称筒瓦头。以形制而言，圆形和半圆形是它的基本造型，另外也有大半圆和弯月形瓦当；以材质讲，唱主角的自然是泥质灰陶瓦当，它也是古今收藏者的宠儿，除此之外还有琉璃瓦当、砖石瓦当和金属瓦当；以纹饰而言，则有图纹瓦当和文字瓦当，其中尤以文字瓦当价值最高。文字瓦当犹如放大的印章，在一个特定的圆形（或半圆）范围内，以疏密、匀称、和谐的章法，圆转用笔，令端庄凝重的法度跃然瓦上，瘦劲古雅，与当时的铜器石刻同功，极具古文字之质朴韵味。文字瓦当不仅在考古学上有特殊意义，还可据以判断建筑的名称和用途。如："长乐"即长乐宫，"未央"即未央宫；"冢"字瓦当用于陵墓建筑；"佐戈"

瓦当用于水衡府的射猎机构等；但作为收藏者则更偏爱吉祥语瓦当，如："天下康宁"、"永受嘉福"、"与天无极"、"千秋万岁"、"长生无极"、"延年益寿"等。历代瓦当艺术构成了博大精深、丰富有序的文化遗产。它既是考古学的重要资料，也是中国文学史、建筑艺术史、书法史、工艺美术史的重要组成部分。

正如何正璜在《中国古代瓦当艺术》一书序言中所写："瓦当是没有色彩的灰暗陶制品，既不晶莹，又不华丽，但却别有一种朴素美和装饰美，蒙人心神，何况它还具有那么多的历史价值，因此历来被人视为考古资料和艺术珍品。想当年，每一类瓦当在整齐的椽头上千百个连续组成为一串灰色的珠链，其作用于建筑物的美是可以想象的。有人说建筑是凝固了的音乐，那么，这组灰色珠链应是悠扬乐曲中不可缺少的音符吧。它虽然外形扑朔迷离，质地粗糙，但从精美的纹饰造型中，却令人嗅到了秦汉文化的芳馨。"

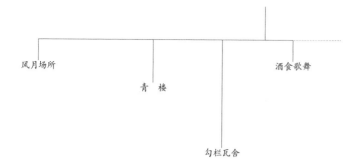

秦楼楚馆

风月场所　　　　青　楼　　　　勾栏瓦舍　　　　酒食歌舞

"秦楼楚馆"，亦作"秦楼榭馆"。秦楼：旧题为汉刘向撰《列仙传》记，春秋时秦穆公将女儿弄玉嫁给萧史为妻，夫妻吹箫能作鸾凤之鸣。秦穆公为他们筑重楼以居之，名曰"凤楼"，后世称"秦楼"；楚馆：楚灵王筑高台建筑"章华宫"，聚集细腰美女寻欢作乐，后世称"楚馆"。又，宋玉《高唐赋》记，楚王梦与巫山神女相会于仙馆，人亦称"楚馆"。秦楼、楚馆皆为装饰华美的富丽建筑，后世的妓院为招揽生意，也将营业场所装饰得格外精美，于是就以"秦楼楚馆"来代指。这个说法最早见于宋柳永《西平乐》："奈阻隔、寻芳伴侣。秦楼凤吹，楚馆云约，空怅惘、在何处？"元关汉卿《谢天香》楔子："这里是官府黄堂，又不是秦楼楚馆。"张国宾《薛仁贵》二折："不甫能待的孩儿成立起，把爹娘不同个天与地，也不知他在楚馆秦楼贪恋着谁，全不想养育的深恩义。"高明《琵琶记·乞丐寻夫》："敢只是楚馆秦楼有一个得意人情也，闷恹恹常挂怀？"李邦祐《转调·淘金令》："花衢柳陌，恨他去胡沾惹，秦楼榭馆，怪他去闲游冶。"黄小配《廿载繁华梦》第十四回："每夜里就请到四马路秦楼楚馆，达旦连宵。"

讨论妓院是个敏感的话题。我曾经读过《娼妓史》这类专著，但却从未见到有建筑学的论著述及妓院之建制。其实，历史是无须讳言的，尽管我们对蓄养娼妓的所谓"秦楼楚馆"知之甚少，进而想寻觅一点有关的历史遗存就更不容易。好在不少野史文献和大量古代诗文可以帮助我们去窥探一点相关信息。

古代蓄养娼妓的妓院有很多代称，秦楼楚馆之外，还有燕馆歌楼、酒楼妓馆、窠子行院、勾栏瓦舍、风流薮泽、青楼、平康、北里、章台、狭斜、寮……其中又以青楼的涵盖面最广，它既指妓院，又借指青楼中的妓女，且延伸出极其丰富的文化内涵。

中国古代建筑由于受到社会等级秩序的制约，任何类别的建筑都有等级高下的差别，妓院也不例外。古代妓女有所谓宫妓、官妓、营妓、家妓、私妓之别，"宫妓以皇宫六院为青楼，官妓以政府衙门为青楼，营妓以军中宝帐为青楼，家妓以书房客厅为青楼。"（孔庆东《青楼文化》）

何谓青楼？清袁枚《隋园诗话》上说："齐武帝于兴光楼上施青漆，谓之青楼……今以妓院为青楼，实是误矣。"可见，青楼起初所指并非妓院，而是指南朝齐武帝用青漆粉饰过的华丽楼宇，古诗文中多泛指豪华精致的雅舍。曹植《美女篇》："青楼临大路，高门结重关。"傅玄《艳歌行》："青楼临大巷，幽门结重枢。"江淹《西洲曲》："鸿飞满西洲，望郎上青楼。"诗中写到的"青楼"显然都与艳游、酒色无关。最早把青楼与娼妓扯上关系的人是南梁的刘邈，他在《万山见采桑人》吟道："倡妾不胜愁，结束下青楼。"诗中的"倡妾"即指卖艺的"倡优"，也就是妓女的早期形态，而"青楼"即因袭前人之误。到了唐代，因文人、士大夫与美女歌妓有了更多情结，"青楼"的妓女化趋势日益显现，于是以讹传讹而成为烟花之地的专指。但是，唐诗中又往往出现掺杂错出的不同含义，有的喻指华丽雅舍，如崔国辅《古忌》："怕不盛年时，嫁与青楼家。"邵谒《塞女行》："青楼富家女，才生便有主。"张籍《妾薄命》："君爱龙城征战功，妾愿青楼欢乐同。"孟浩然《赋得盈盈楼上女》："夫婿久离别，青楼空望归。"但更多的则泛指烟花风月之所，如李白《楼船观妓》："对舞青楼妓，双鬟白玉童。"又《宫中行乐词》之五："绿树闻歌鸟，青楼见舞人。"李商隐《风雨》："黄叶仍风雨，青楼自管弦。"杜牧《遣怀》："十年一觉扬州梦，赢得青楼薄幸名。"韦庄《捣练篇》："月华吐艳明烛烛，青楼妇唱捣衣曲。"温庭筠《塞寒行》："彩毫一画竟何荣，空使青楼泪成血。"白居易《长安道》："花枝缺处青楼开，艳歌一曲酒一杯。"崔颢《渭城少年行》："章台帝城称贵里，青楼日晚歌钟起。"

宋元以降，作为烟花女子营业场所雅称的青楼更加大行其道，词曲小说中出现的"青楼"已经远离它的本意，几乎成为"妓院"的同义词。秦观《虞美人》："欲将幽恨寄青楼，争奈无情江水不西流。"又《满庭芳》："漫赢得青楼，薄幸名存。"欧阳修《看花回》："追想少年，何处青楼贪欢乐。"又《踏莎行》："青楼几处歌声丽。蓦然旧事上心来，无言敛皱眉山翠。"王千秋《西江月》："青楼买酒定无缘。且放金杯潋滟。"曹端礼《水调歌头》："青楼紫陌，惟解惜月与贪欢。"陈允平《少年游》："双鸾已误青楼约，谁伴月中游。"贺铸《采桑子》："东南自古繁华地，歌吹扬州。十二青楼。"陆游《记梦》："红叶满街秋著句，青楼烧烛夜追欢。"明冯梦龙《警世通言·杜十娘怒沉百宝箱》："(孙富)生性风流，惯向青楼买笑，红粉追欢。"清纪晓岚《阅微堂笔记·槐西杂志》："翰林将殁，度夫人必不相容，虑或鬻入青楼，乃先遣出。"清李渔《慎鸾交·席卷》："华郎的心肠虽好，只怕他父亲到底执意，不容要我辈青楼。"

作为"妓院"的"青楼"必须具有一定档次，唐孙棨《北里志》记："平康里入北门，东回三曲，即诸妓所居之聚也。妓中有铮铮者，多在南曲、中曲。其循墙一曲，卑屑妓所居，颇为二曲轻斥之。其南曲中者，门前通十字街，初登馆阁者，多于此窃游焉。二曲中居者，皆堂宇宽静，各有三数厅事，前后植花卉，或者怪石盆池，左右对设，小堂垂帘，茵榻帷幔之类称是。"所谓"曲"，就是僻静弯曲的小巷。"三曲"标示等级差异，其中南、中为上等，从建筑、环境和装饰上看，或"堂宇宽静"，或"前后植花"，或"怪石盆池"，或"小堂垂帘"，清幽的传统庭园风格十分典型。唐传奇《李娃传》中亦有类似的描写："尝游东市还，自平康东门入，将访友于西南。至鸣珂曲(长安巷名，时为妓女聚居之所)，见一宅，门庭不甚广，而室宇严邃，阖一扉，有娃方凭一双鬟青衣立，妖姿要妙，绝代未有。"凡是等级较高的青楼，光顾它的客人大都是一些有头有脸的官员和文士，这就要求青楼建筑也必须讲究品位，易中天在《中国的男人和女人》一书中也说："首先，青楼的选址就十分讲究，既要在市区，方便客人往来，又要不喧闹，以免影响情绪。一般选在可以闹中取静之处。最好是通衢大道之旁一小巷，曲曲弯弯给人'小径通幽'之感。门前最好有杨柳，取'依人'之义；窗外最好有流水，含'比尽'之情。宅内的建筑，也十分考究。厅堂要宽，庭院要美，前后植花卉，左右立怪石，池中泛游鱼，轩内垂帘幕。室内的陈设，更是精致，须有琴棋书画，笔墨纸砚，望之有如'艺术沙龙'，决非'肉铺'。"

宋代的酒色文化空前繁荣，青楼风光更加旖旎。北宋都城汴梁和南宋都城临安，妓馆如同食店，遍地皆是。层次较高的妓女多在装饰豪华的大酒店进行"三陪"服务，品味较低的妓女则多在市井中的"勾栏瓦舍"娱人。孟元老《东京梦华录》记京都汴梁"民俗"："别有幽坊小巷，燕馆歌楼，举之万数，不欲繁碎。"又记"酒楼"："凡京师酒店，门首皆缚彩楼欢门，唯任店入其门，一直主廊约百余步。南北天井，两廊皆小阁子，向晚灯烛荧煌，上下相照，浓妆妓女数百，聚于主廊面上，以待酒客呼唤，望之宛若神仙……白矾楼，后改为丰乐楼，宣和间更修三层相高，五楼相向，各有飞桥栏槛，明暗相通，珠帘绣额，灯烛晃耀。初开数日，每先到者赏金旗，过一两夜已。元夜，则每一瓦陇中皆置莲灯一盏。内西楼后来禁人登眺，以第一层下视禁中。"文中提到的"白矾楼"即当时名冠京都的一座特别有名的酒楼妓馆，李师师、徐婆惜、封宣奴、孙三四、王京奴五大名妓就落籍其中。李师师色艺双绝，在青楼中首屈一指，她不仅与当朝皇帝宋徽宗有情意绵绵的交游情怀，而且有多位词家如周邦彦、晏殊、秦观等，也都是她的座上常客，就连远在梁山的宋江也知道她的艳名，他与燕青一同潜入京师走李师师的后门，梁山大军才被朝廷招安。"后来禁人登眺"的"北楼"位在京城镇安坊的金线巷，后因徽宗游幸而改名小御街，楼也由皇帝厚赐而将庭院翻修一新，并御题为"醉杏楼"。今开封宋都御街亦有仿古重建之樊楼。宋诗人刘屏山有诗云："梁园歌舞足风流，美酒如刀解断愁。忆得当年多乐事，夜深灯火上樊楼。"小说《水浒传》称这处风月之地为"樊楼"："楼台上下火照火，车马往来人看人。……转过御街，见两行都是烟月牌。来到中间，见一家外悬青布幕，里挂斑竹帘，两边尽是碧纱窗，外挂两面牌，牌上各有五个字，写道：'歌舞神仙女，风流花月魁。'……（燕青）径到李师师门首，揭开青布幕，掀起斑竹帘，转入中门，见挂着一碗鸳鸯灯，下面犀皮香桌儿上，放着一个博山古铜香炉，炉内细细喷出香来。两壁上挂着四幅名人山水画，下设四把犀皮一字交椅。"类似汴京"白矾楼"这种酒楼所附设的妓馆，在南宋都城临安（杭州）也比比皆是。宋周密《武林旧事·酒楼》记："熙春楼、三元楼、五间楼、严厨、花月楼……以上皆市楼之表表者，每楼各分小阁十余，酒器悉用银，以竞华侈。每处各有私名妓数十辈，皆时妆衿服，巧笑争妍……凭槛招邀，谓之'卖客'；又有小鬟不呼自至，歌吟强聒，以求支分，谓之'擦坐'；又有吹箫、弹阮、息气、锣板、歌唱、散耍等人，谓之'赶趁'。"宋灌圃《都城纪胜》所记载的"庵酒店"："谓有娼妓在内，可以就欢，而于酒阁内暗藏卧床也。门首红栀子灯上，不以晴雨，必用箬簋盖之，以为记认。"箬：箬竹；簋：筐一类的器皿。将门口的红灯用竹筐之类的器皿盖住，作为色情酒店的标记。

　　"勾栏瓦舍"是宋代以后城市中对较低等级妓院的一种代称。"勾栏瓦舍"本是宋元时期设在市井中被称作"瓦子"（商贩交易市场）周边的游乐场所，场地通常以栏杆围成，大者可容纳数千人，游乐项目有说书的、演戏的、耍弄杂技的……节目的表演者有男有女，其中不少"以艺娱人"的女艺人，也往往"以色娱人"，成为寻欢者的玩弄对象。正是由于这个原因，"勾栏"和"瓦舍"这一词语就逐渐演变为妓院的代称。宋吴自牧《梦粱录》谓："瓦舍者，谓其来时瓦合，出时瓦解之义，易聚易散也。不知起于何时，顷者京师甚于士庶放荡不羁之所，亦为子弟流连破坏之门。绍兴间杨沂中因驻军多西北人，是以于城内外创立瓦舍，招集妓乐以为军卒暇日娱戏之地。今贵家子弟郎君，因此荡游破坏，尤甚于汴都。杭之瓦舍，城内外不下十七处。"勾栏瓦舍的房屋档次不高，设施也比较简单，"聚则瓦合，散则瓦解"，一般都是随集市而聚散。及至明末，见诸小说中的"勾栏"、"瓦舍"皆为妓院之代称。有句成语叫"三瓦两舍"，指的就是多家妓院。《水浒全传》第二十一回："那厮唤作小张三，生得眉清目秀，齿白唇红。平昔只爱去三瓦两舍，飘蓬浮荡，学得一身风流俊俏。"《醒世恒言·卖油郎独占花魁》："这吴八公子，新从父亲任上回来，广有金银。平日间也喜赌钱吃酒，三瓦两舍走动。"《金瓶梅》第十一回："这滦筝的是花二哥令翠，勾栏后巷吴银儿。"第十九回："（西门庆）吃了酒回来，打南瓦子里头过。平昔在三瓦两巷里走走耍子。"

　　明代虽有"官吏宿娼，罪亚杀人一等"的禁令，但青楼业依旧空前繁荣。明人谢肇淛《五杂俎》记："今时娼妓满布天下，其大都会之地，动以千百计。"其中档次较高的酒楼妓馆，通常都是把演戏、妓馆与客店住宿统纳在一起，如明洪武初在金陵秦淮河畔建成的"春风十六楼"，每座皆六楹，其规模令初到京师者莫不骇视，楼中妓女大多擅长歌舞，像孔尚任《桃花扇》中的李香君即是能歌善舞的高手。唐寅在《阊门即事》中记明清时苏州阊门一带的歌楼妓馆，皆"翠袖三千楼上下"。明张岱《陶庵梦忆》所记的"泰安州客店"更有特色："客店至泰安州……未至店里许，见驴马槽房二三十间，再近，有戏子寓二十余处，再近，则密户曲房皆妓女妖冶其中。余谓是一州之事，不知其为一店之事也。……夜至店设席贺。……

⬇ 明代的妓院
➡ 清末画报中的
  广州大沙头妓艇

计其店中，演戏者二十余处，弹唱者不胜计……泰安一州与此店比者五六所，又更奇。"小说《金瓶梅》中也多处写到此类酒楼妓馆。第五十九回写郑家妓院："门面四间，到底五层房子。转过软壁，就是竹枪篱，三间大院子，两边四间厢房，上首一明两暗——三间正房，就是郑爱月儿的房。他姐姐爱香儿的房，在后边第四层住。但见帘拢香霭。进入明间内，供养着一轴海潮观音；两旁挂四轴美人，按春夏秋冬：惜花春起早，爱月夜眠迟，掬水月在手，弄花香满衣；上面挂着一联：'卷帘邀月入，谐瑟待云来。'上首列四张东坡椅，两边安二条琴光漆春凳。"第九十三回写谢家妓院："原来这座酒楼，乃是临清第一座酒楼，名唤谢家酒楼……有百十房子，四外行院窠子、妓女都在那安下，白日里便来这各酒楼赶趁。"第九十九回："那里有百十间房子，都下着各处远方来的窠子行院娼的。"

　　风月场所，历来都是城市中的歌舞升平之地。到清末民初，尽管世处多事之秋，但在一些繁华的大都会里，依旧在制造着一个个

声名显赫的"秦楼楚馆"。在北京有八大胡同，上海有会乐里、群玉坊，南京有秦淮河，广州有陈塘和东堤，香港有石塘咀，台北有归绥街。在一些中小商业城市也多有妓院集中的"烟花柳巷"，如扬州有柳巷、花局巷，南通有柳家巷，长沙有樊西巷等。这些近代的风月场所又是何等模样呢？以兴于清代的北京八大胡同为例，它是旧北京前门外大栅栏妓院集中聚处的代称。所谓"八大"其实是虚指，有资料指证，该地区至少有十五条胡同属于"花柳繁华之地"。《燕都旧事》一书引用的资料说："民国六年（1917年），北平有妓院三百九十一家"。又据《新中国妇女报》，新中国成立后取缔妓院，"一夜之间将二百二十四家妓院全部封闭。"这为数众多的妓院自然也有等级之分，等级较高的大都集中在胭脂胡同、百顺胡同、韩家潭、陕西巷一带，如赛金花住过的怡香院，小凤仙住过的云吉班都在陕西巷。再如韩家潭有一处叫"清吟小班"，"门口上面有个名叫李钟豫的人题了'庆元春'三字，是这家妓院的名字。这里院子比较宽敞，只有南北两面有两层楼房，每面都是楼上四间，楼下四间，两面共十六间房，房子比二等妓院要好一些，每间约有十平方米。这是富人们的锁金窟，除了可以嫖妓外，吃得也不错，经过修理的楼梯上还钉着一块'木庄寄售南腿'的木牌，证明从前这里的饮食水平。"（引自洪烛著《永远的北京》) 历史在不断变迁，当年的风月场所早已都付之飘蓬断梗，留下的也只能是无痕的曾经香艳。八大胡同里目前还保留两处青楼旧址，其中一个在樱桃斜街，现已改作招待所，它始建于清乾隆年间，双层木结构，雕梁画栋，楼上楼下有 30 多个房间面向天井。据说这里曾是蔡锷与小凤仙结识的地方，更早的纪晓岚也常来此饮乐。近年来一些影视作品也都在此"复制"昔日青楼的风情，电视剧《大宅门》就是在这儿拍摄的。

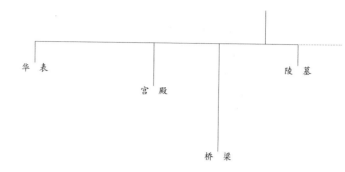

诽谤之木

华表　　　　　　　　　　　　　　　　　陵墓

宫殿

桥梁

"诽谤之木",《辞海》:"即'诽谤木',也叫'华表木'。相传尧舜时于交通要道竖立木牌,让人在上面写谏言。《淮南子·主术训》:'尧置敢谏之鼓,舜立诽谤之木。'《后汉书·杨震传》:'臣闻尧舜之时,谏鼓谤木,立之于朝。'"在古汉语中,"诽谤"的意思是讽谏,即议论是非,指责过失,类似现代语中的提意见。《汉书·贾山传》:"(秦)退诽谤之人,杀直谏之士,是以道谀偷合苟容。"这里的"诽谤"与"直谏",说的也是讽谏之意。原本是"议论是非,指责过失"的本义,后被韩非子变质为"恶意中伤":"大王若以此不信,则小者以为毁誉诽谤,大者患祸灾害死亡及自身。"(《韩非子·难言》)从此,"诽谤"在汉语中就变成了贬义词而被广泛使用。

晋崔豹在《古今注·问答释义》上说:"程雅问曰:'尧设诽谤之木,何也?'答曰:'今之华表也。以横木交柱头,状若花也,形似桔槔,大路交衢悉施焉。或谓之表木,以表王者纳谏也,亦以表识衢路也。'"汉代以后,由于"诽谤"一词的变质,"诽谤木"也因此易名为"华表木",其形制也从"以横木交柱头"的木质"诽谤木"逐渐演变成了孤柱独立的石质"华表"。

华表之起源在学界颇多争议,广为流布的诽谤木之说,也有人怀疑它的真实性。尽管如此,华表源自"诽谤之木"之所以"约定成俗"上千年,人们更多的是从传统伦理观念去欣赏它的文化意蕴。历史上的唐尧虞舜向来被看作是帝王的典范,根据尧设"诽谤之木"的佳话来表达君王虚心纳谏实乃合情合理,而被置于古代宫殿、城垣、陵寝或桥梁作为标识的华表,也就很自然地融入鲜明的政治和伦理意义。华表木被古代明君当成"谤木"反过来证明这些帝王正是有意识地把自己视为"华表",借先民对"表"的神化来神化自己,让"表"代自己发言。

远古时代的诽谤木自然无法考实,石质的华表当出现在汉代。目前所能见到的早期华表形象,是山东沂南汉墓的祠堂画像中所刻画的柱顶横贯一段短木的华表形象。遗存至今较为完整的华表实物大多为明、清遗构。其中,最为秀丽的遗构是北京天安门前后的两对华表。这两对华表与天安门同建于明永乐年间,迄今已有500多年历史。它立于八角形须弥座上，以整段汉白玉雕刻而成，呈八棱微圆柱体。门前的一对高 9.57 米，柱身龙蟠螭护，顶端横云板、置承露盘、立蹲犼。"犼"，俗称"朝天吼"，是古代传说中龙王的儿子。龙生九子，各有所好，犼是负责警戒的。所以，前华表顶端的两只背北面南，俗称"望君归"，立于后的一对华表背南面北，俗称"望君出"，据说望君归负责皇帝外巡时的行为，望君出负责监视皇帝在内宫的举止，似乎还带有一点"纳谏"的味道，这在一定程度上反映了世人一种愿望，这和原始的"诽谤木"很是有些相似。鼎立于天安门前后的这四根华表，"很像是帝王举行重大的典礼所用的'卤薄'的凝固化，是一种建筑化的仪仗，有效地起到表崇尊贵、显示隆重和强化威仪的作用。"（侯幼彬《中国建筑美学》）

　　古代桥梁两头用华表来装饰也由来已久。北魏杨衒之的《洛阳伽蓝记》中记载："宣阳门外四里，至洛水上作浮桥，所谓永桥也。……南北两岸有华表，举高二十丈。华表上作凤凰，似欲冲天势。"唐杜甫亦曾有诗赞曰："天寒白鹤归华表，日落青龙见水中。"宋代名画《清明上河图》中汴水虹桥桥头也立有华表木。现存北京卢沟桥头的华表，早在元代的《马可·波罗游记》中即有记载："桥口初有一柱甚高大，石龟承之，柱上下皆有一石狮。上桥又别见一美柱，亦有石狮，与前柱距离一步有半，此两柱间以大理石为栏，雕刻种种形状。"

　　除了标识重要的皇家建筑群和古代桥梁之外，华表还走进了墓地，立于神道两侧，故而也称神道柱或墓表。墓表是现存华表实物中数量较多的一种。帝王陵寝中的北京明十三陵、沈阳清初三陵、河北遵化清东陵、河北易县清西陵等，都有与天安门华表形制大体相同的遗物，其中以清孝陵（顺治帝陵）的华表最高，达 12 米。墓表中还有一种变体华表，它不带云板，似柱又非柱。南京栖霞山梁武帝堂弟萧景墓前的神柱，就是此类作品的较早遗物，保存也很完好。在四川、河南、山东的有些汉墓，也遗存有类似的墓表。西安唐高宗李治乾陵一对亭亭而立的石刻墓表，呈八棱形，柱身、柱础、柱顶有卷草纹雕饰，它与陵前神道石像生组合而成的神道石刻群，体现出一种恢弘的大唐雄风。这种变体华表多有艺术性极高的雕饰，是我国古代石刻艺术的瑰宝。建于北齐的河北定兴义慈惠石柱，是墓表中最为奇特的一件地面文物。石柱高 6.65 米，其整体形象和大多数墓表并无太大差异，也是由基座、柱身、柱顶构成。它之所以奇特，是将民间的佛殿建在柱顶，以为饰物。在柱身上端置一经过雕饰的方形石板，板上置一单檐庑殿顶石雕小屋，面阔三间，进深二间，雕刻而成的每个单体构件都十分精致，屋的前后正中明间均刻有佛像，恰似一座做工精美的木结构殿宇模型，是研究我国隋唐以前建筑形制的珍贵实物资料，具有很高的历史文物价值。

沈阳清福陵
正红门内华表

南京梁萧景墓
墓表

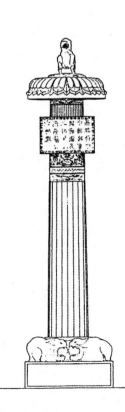

顽石点头

寿　石　　　　　　点　石　　　　　　奇峰异石

　　"顽石点头"，语出晋无名氏《莲社高贤传·道生法师》："入虎丘山，聚石为徒，将《涅槃经》，至阐提处，则说有佛性，且曰：'如我所说，契佛心否？'群石皆为点头。"后借以形容道理讲得透彻，说服力强，使人不得不心悦诚服。

　　➡ 米芾拜石

　　石有一个雅名叫"寿石"，因为它与地球同岁。人类诞生在这块原本就是石头的地球上，生生死死，石与人类的生活真可谓息息相关。一位历史学家曾说过这样的话："坚硬的石头保留并向我们转述了祖先的文明。"中国文明出现在石器时代，先人依靠石头得以生存、繁衍；因女娲炼五色石以补苍天，人民才得以安居乐业；而补天未用被弃于青梗峰下的顽石，又被嗜石的曹雪芹演绎出一部旷世名著《红楼梦》；"石破天惊"的石猴形象更是妇孺皆知的智慧化身。

　　"万古不败之石"还从容不迫地进入艺术殿堂，被大批文士玩衍出一门独特的石玩艺术。当文士们玩石玩到了园林，就有了园林石艺中的所谓"点石"技艺。点石又称置石或立峰，就是单独置立在园林中的孤赏石峰。它奇特的造型，犹如自然造化砍削出的抽象雕塑品，既可点缀园林空间，又能体现"寸石生情"的审美意趣，故而又有"景石"之称。明代造园家文震亨说："石令人古，水令人远。园林水石，最不可无。"（《长物志》）说明"古"是先人赋予自然物质"石"的一种文化品格，石可以寄情抒情，石也可以恋旧怀古，所以自古就是雅士高人的青睐对象和审美传统。古人对奇石的兴趣和嗜好由来已久。《南史·到溉传》有一则记载："溉第居近淮水斋前，山池有奇礓石长一丈六尺，帝戏与赌之……石即迎至华林园宴殿前，移石之日，都下倾城纵观，所谓'到公石'也。"以奇石为赌注，可见对石之珍爱。唐朝宰相牛僧孺得到一块太湖石，欣喜万状，白居易特作《太湖石记》以为纪念。历史上喜爱奇石到忘我地步的当推宋代书画家米芾。据《宋史·米芾传》："无为州治有巨石，状奇丑，芾见大喜曰：'此足以当吾拜！'具衣冠拜之，呼之为兄。"得一奇石竟然拜为兄长，虽被时人话为笑柄，但却被爱石者传为美谈。后世

园林中作"拜石"、"揖石"、"石丈"、"石友"等题名者皆出此典，如北京颐和园有石丈亭，苏州怡园有拜石轩，留园有揖峰轩，狮子林有揖峰指柏轩等。

古今享有盛名的大小园林几乎都有奇峰异石。以现存实物为例：岭南现存最古之园林遗迹——广州九曜园，因园中有九块奇石而得名。它本为五代岭南南汉王刘岩之宫苑，九曜石峰来自苏州太湖和英德三江，据《粤东金石略》载："石凡九，高八九尺，或丈余，嵌岩峰兀，翠润玲珑，望之若崩云，既堕复屹，上多宋人铭刻。"宋书法家米芾亦曾慕名前来，并题有《九曜石》诗："碧海出唇阁，青空起夏云；瑰奇九怪石，错落动乾文。"今虽园废石崩，但散落在遗迹池岸和池底的九曜残石，依然含茹着远古的历史意蕴，现为广州市重点文物保护单位。宋徽宗造御园艮岳时，苏州"贼官"之一的朱勔为之采办江南奇石，钦宗即位后罢其官，没其产，旋被杀，于是由他经营的园石有不少被遗留在苏州，到元代被陆续引入园林，所以在现存的苏州园林中，相传为宋代"花石纲"遗物的峰石很多，其中特别著称的有：被谓苏州留园姊妹峰的冠云、瑞云、岫云三峰，

◀ 寅是《园之石》
版画

⬇ 宋代遗物瑞云峰

具为花石纲遗物中的孤石巨峰。冠云峰高 6.5 米，是我国现存最高的湖石名峰，清俞樾特为之撰《冠云峰赞有序》，对此峰极尽赞美之词。号称"江南三大名峰"之一的瑞云峰，是由嵌空石峰和磐石底座两块太湖石叠置而成，据明袁宏道《园亭纪略》所记，留园东园初建时瑞云峰已在园内，"堂侧有土垄甚高，多古木。垄上有太湖石一座，名瑞云峰，高三丈余，妍巧甲于江南，相传为朱勔所凿"。清乾隆南巡时遂将瑞云峰移到织造署行宫（今苏州第十中学）供皇帝品赏（今留园之瑞云峰名系借用）。又据童寯《江南园林志》："江南名峰，除瑞云之外，尚有绉云峰及玉玲珑。李笠翁云：'言山石之美者，俱在透、漏、瘦三字。'此三峰者，可各占一字：瑞云峰，此通于彼，彼通于此，若有道路可行，'透'也；玉玲珑，四面有眼，'漏'也；绉云峰，孤峙无倚，'瘦'也。"现存上海豫园的玉玲珑，是园中的镇园之宝，也是花石纲遗物中的一块名贵峰石，明王世祯曾著文赞曰"秀润透漏，天巧宛然"。清诗人陈维成曾作《玉玲珑石歌》以赞之："一卷奇石何玲珑，五个巧力夺天工。不见嵌空绉瘦透，中涵玉气如白虹。……石峰面面滴空翠，春阴云气犹蒙蒙。一霎神游造化外，恍疑坐我缥缈峰。耳边滚滚太湖水，洪涛激石相撞舂。庭中荒甃开奁镜，插此一朵青芙蓉。"宋代酷爱景石之风颇盛，除"花石纲"遗物外，今存北京中山公园西坛门外的青莲朵，也是一块名气很大的宋代遗石。清乾隆帝南巡杭州时遇到此石，遂将其运至北京，陈列在西郊的长春园，并亲书"青莲朵"。据《养吉斋丛录》载："杭州宗阳宫为南宋德寿宫遗址，有石曰芙蓉。"此芙蓉石即青莲朵。历史名园中的孤赏奇石还可举出很多，如北京颐和园乐寿堂前的青芝岫、中山公园今雨轩侧的青云片、恭王府内的飞来峰、南京瞻园的倚云峰、杭州文澜阁的仙人石、扬州南园的九峰石、常熟人民公园的沁雪峰、无锡梅园的三星石等。中国艺术家爱石，除了它的诱人形状之外，石的静默、伟大、恒久等人类所欠缺的品格，也是成为人们钟爱伴侣的原因。因此，古代文人品石，妙在将石人化，以石自号，视石如友，与石为伍者比比皆是。白居易有诗咏道："回头问双石，能伴老夫否? 石虽不能言，许我为三友。"诗佛王维的名句"明月松间照，清泉石上流"，冰冷的石头却被赋予了生命。甚至连美丽的民间传说都在美化原本无名的石头，"望夫处，江悠悠。化为石，不回头。山头日日风复雨，行人归来石应语。"王建的这首《望夫石》诗，其主旨在于勾画古代妇女对爱情的忠贞不渝，借石而喻情。至于陆游所咏"花能解语还多事，石不能言最可人"，说的则是与其多言得罪，不如效法顽石无言。

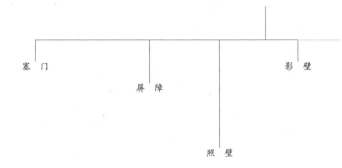

萧墙之忧

塞门　　屏障　　　　照壁　　影壁

"萧墙之忧",出自《论语·季氏》:"吾恐季孙之忧,不在颛臾,而在萧墙之内也。"鲁国大夫季孙氏,准备侵犯小国"颛臾",孔子得知后予以攻击,说季孙之忧不在颛臾这个小国,而在"萧墙之内"。"萧墙",古代宫室的户外屏风,犹如门前屏障,以防外人向门内窥视。古字"萧"与"肃"共通,取肃敬之意。后人根据这个典故,把内部祸乱称作"萧墙之祸"或"祸起萧墙"。

古之所谓"萧墙",指的是设在帝王宫殿大门内(或大门外)起屏障作用的矮墙,又称"塞门"或"屏"。《论语集解》转引郑玄的注释说:"萧之言肃也;墙犹屏也。君臣相见之礼,至屏而加肃敬焉,是以谓之萧墙。"清朱骏声《说文通训定声》:"《尔雅》'屏谓之树'注:'小墙当门中。'按亦谓之塞门,亦谓之萧墙,如今之照墙也。"可见,最初的萧墙之设是专门用在皇宫内的,所以也常用萧墙代指"国君"或"宫墙",孔子所讲的"萧墙",就是用来代指国君,这与后世以"萧墙"比喻内部的用法不同。萧墙内外后来逐渐引申为宫廷内外,于是有所谓天子外屏,诸侯内屏,卿大夫以帘之说,带有很强的礼制色彩。

古代君王在宫室大门内外筑"萧墙",其作用是遮挡视线,防止外人向门内窥视。这种主要起屏障作用的矮墙,最初只是一种礼制设置,后来逐渐演变为设在建筑物门口内外的独立影墙,亦称照墙或照壁。影壁与萧墙一样具有遮挡视线的屏障作用,只是应用范围更加广泛,宫殿、寺庙、祠堂、园林、住宅等皆可设置。它是中国建筑的独有元素,是建筑中一道极具文化气息的风景,有很高的价值。影壁还有另外一个有趣的古名叫"罘罳",又名复思,取反复思量之意。《释名》:"罘罳,在门外。罘,复也,罳,思也,臣将入请事,于此复重思之也。"它提醒每个进出宫室的人切不可贸然,一定不要忘记恭敬肃穆。"影壁"之谓大约始于唐宋,宋绘画史名著《画继》记:"惠之塑山水壁,郭熙见之,又出新意,遂令圬者不用泥掌,止以手枪泥于壁,或凹或凸,俱所不同。干则以墨随其形迹,晕成峰峦林壑,加之楼阁人物之属,宛然天成,谓之影壁。"宋代绘画中也能见到大门内外的影壁图像。关汉卿的《望江亭》杂剧有"转过这影壁偷窥"的唱词；曹雪芹《红楼梦》中也有"北边立着一个粉油大影壁"的描述。现存的大量明清古建筑中，都能见到构筑精美的影壁实物。

影壁是正对建筑物大门的一段独立短墙，有的置于门内，有的建在门外，也有少数是设在门的两侧，或者是远离门的独立影壁。它的主要功能是"隔"，犹如房间的屏风，起到掩掩露露的含蓄隔蔽，以避免开门见山，一览无余，造就深层庭院内柳暗花明的境界。一般而言，门外影壁多出现在建筑群的大门前方，例见北京紫禁城宁寿宫皇极门前的九龙壁、颐和园东宫门前的影壁、承德避暑山庄丽正门前的红照壁、南京夫子庙棂星门前的影壁等；在不少小型建筑群的门前也能见到这类影壁，如合肥的包公祠、呼和浩特的将军衙署、苏州的寒山寺等。而门内影壁则多出现在皇室寝宫和宅第院门里面，北京故宫内皇帝和后妃的住处就所在多有；北京的四合院内，这类门内影壁更是随处可见。门边影壁的范例有置于北京故宫乾清门两侧的八字形影壁；而设在故宫养心殿和宁寿宫内院四座孤立的琉璃影壁，既不在门外，也不在门内和门边，俨然一件赏心悦目的独立艺术品。

影壁是一堵特殊的墙，俨然一座压扁了的小型建筑，同样有基座、墙面和壁顶。讲究的影壁都做成须弥座，壁顶则像房屋的屋顶，屋檐、屋脊、斗拱、梁枋一应俱全，墙面是影壁的主体，也是进行装饰的主要部位，有的在壁面雕刻图案，有的在壁上作画写字，塑造出各种具有审美价值的艺术形象。影壁的形状大都为一字形或雁翅形，通体有壁座、壁身和壁顶组成。壁座大多砌成台基式，等级较高的建筑则砌成须弥座；壁身的砌筑与一般墙体无异，有的表面光滑，有的施加雕饰纹样面砖；壁顶形式依建筑的重要程度分为庑殿、歇山、悬山、硬山数种。影壁又因其制作材料的不同而分为砖影壁、石影壁、木影壁和琉璃影壁，其中，最为多见的是砖影壁。木影壁易毁，极少存世，目前只有北京故宫内廷帝后居住的宫院可以见到此类影壁；石造影壁也不多见，但有三件珍品值得一提，一

↓北京北海九龙壁
→↓山西太原九龙壁

件原在北京德胜门内德胜庵（该处巷名亦因此影壁而命名为铁影壁胡同），后移至北海公园征观堂前，俗称"铁影壁"，传为元代遗物，是国内留存至今最古的影壁之一。它的表面呈黑褐色，初看似铁质铸成，其实是火山喷发而形成的一种矿物岩。影壁两面以狮子和麒麟为主题雕饰，正面还有幼狮、绣球、彩带、扶桑、灵芝等浅雕图案为背景，两侧周边又饰以鹿、鹭鸶、马与花卉。刀法古朴，形象生动，可称得上是件珍贵的雕刻作品。另一件在北京故宫的景仁宫门内，全部用石料制成，形同一座带有插座的单扇石座屏风，造型完美，工艺别致。还有一件在湖北襄樊市，它原是明代襄王朱瞻府门前的影壁，后王府全部被毁，唯影壁保存至今。因壁身全部以绿矾石刻砌而成，故俗称"绿影壁"。壁高约 7 米，宽 25 米，高 1.6米，壁的正中刻有"二龙戏珠"，四周边框精雕姿态各异的小龙 99条。影壁造型庄重，雕刻华美，是类似质地影壁中的孤品。当然，影壁中最为人称道的是用彩色琉璃制作的"九龙壁"。这种只能建在

宫苑王府的高等级影壁，全国现存遗物只有三件，两件在北京，一件在山西大同。其中，体量最大、建造年代也最早的是大同的九龙壁。它原是明太祖十三子朱桂代王府邸门前的影壁，建于明洪武年间，壁长 45.5 米，高 8 米，厚 2.02 米；壁面以六层五彩琉璃砖拼砌成 9 条蟠龙，神情矫健，姿态各异，堂皇富丽。遗存于北京的两座九龙壁均为清乾隆年间遗构，一座在北海北岸天王殿西，一座在紫禁城宁寿宫的皇极门前。北海九龙壁是国内仅存的一座双面彩色九龙壁，面阔 25.86 米，高 6.65 米，厚 1.42 米，壁座为青白玉石台基，上为绿琉璃须弥座，壁面用 424 块七色琉璃砖分块烧制后拼砌而成，壁身双面各有蟠龙 9 条抢珠追逐，奔腾在云雾波涛中的神龙，色彩绚丽，古朴典雅。宁寿宫九龙壁是三座九龙壁中最为精致的一座。它的形体扁而长，高 3.5 米，宽 29.4 米，壁顶为黄色琉璃瓦庑殿式顶，檐下为仿木结构的椽、檩、斗拱，壁座是汉白玉制作的须弥座，壁面由 270 块琉璃砖拼成，分饰蓝、绿两色，图案复杂，雕饰精细，是一件难得的装饰性建筑珍品。

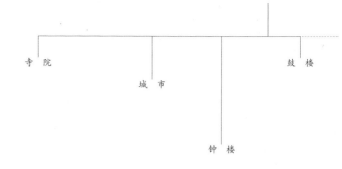

朝钟暮鼓

寺院　　城市　　钟楼　　鼓楼

"朝钟暮鼓"，亦作"晨钟暮鼓"，语出唐李咸用《山中》诗："朝钟暮鼓不到耳，明月孤云长挂情。"唐杜甫《游龙门奉先寺》诗："欲觉闻晨钟，令人发深省。"宋欧阳修《庐山高》："但见丹霞翠壁远近楼阁，晨钟暮鼓杳霭罗幡幢。"寺院中早撞钟、晚击鼓的报时传统，自然有警醒世上沉迷之人的寓意，后亦用以形容僧人的孤寂生活或时光的推移。

　　寺院不可无钟，也不可无鼓。为了置鼓悬钟，于是就有钟鼓楼之建置。钟和鼓都是佛教的重要法器，钟的作用是集僧作法，晨暮击钟也能报时；鼓的作用是戒众进善，犹如两军对垒而击鼓斗志。《敕修百丈清规·法器章》："大钟，丛林号令姿始也。晓击即破长夜，警睡眠；暮击则觉昏衢，疏冥昧。……法鼓，凡住持上堂、小参、普说、入室，并击之。……若新住持入院，诸法器一齐俱鸣。"

　　为置鼓悬钟而建的钟楼和鼓楼，是佛寺建筑的重要组成部分，二者形制相同，一东一西，呈双层对称状。钟楼的底层多供奉地藏菩萨，鼓楼的底层则供奉关羽，也有的供奉观音菩萨。我国古代寺院林立，古刹钟声随处可闻。苏州寒山寺钟楼，因唐诗人张继的《枫桥夜泊》而遐迩闻名。"姑苏城外寒山寺，夜半钟声到客船。"寒山寺的"夜半钟声"也格外令人神往。全国很多寺院都有以钟声和寺院风光并列题名的胜景。杭州净慈寺有"南屏晚钟"；曲江南华寺有"南华晚钟"；肇庆庆云寺有"凤岭疏钟"；西安小雁塔有"雁塔晨钟"；洛阳白马寺有"马寺钟声"等。

　　当然，古代钟鼓楼的建制并非专门用于佛事。用钟鼓报时始于汉代。蔡邕《独断》云："鼓以动众，钟以止众。夜漏尽，鼓鸣则起，昼漏尽，钟鸣则息。"这里所说的"晨鼓暮钟"司时制度，与后来寺院中的"晨钟暮鼓"恰好相反。作为以报时为主要用途的钟鼓楼建筑，最初是建在宫廷的，它除了报时也兼作朝会时节制礼仪之用。自南朝梁代之建业宫，直至元大都之大明殿，都有此类宫廷钟鼓楼。明代以后，因朝廷文武百官上朝，军民作息，均以城市钟鼓楼撞钟击鼓为准，宫廷中也就不再建钟鼓楼了。

建在城市中心的钟鼓楼，是此门类建筑中数量最多，也最具历史价值的钟鼓楼。一直实行宵禁的古代"里坊制"城市，自唐代始有所谓"街鼓"之设，即以晨暮击鼓为启闭坊门的信号。在京城大都设在宫城正门和街道坊门的门楼之上。《唐律疏议》："五更三筹，承天门击鼓，听人行。昼漏尽，承天门击鼓四百槌讫，闭门。后更击六百槌，坊门皆闭，禁人行。"在府、州、县则设在衙城正门之上，作为地方城市的司时中心。《事物纪原》："今州郡有楼以安鼓角，俗谓之鼓角楼，盖自唐始也。"宋代开始取缔宵禁，"街鼓"虽废，但设钟鼓于城楼以报时之制却被一直沿用。元大都、明南京城和明清北京城，都在城市中心建有独立的钟楼和鼓楼，京城以下的各府、州、县城，也都建有规模不等的钟楼、鼓楼、谯楼、更楼。其建筑形式大都为高台式建筑，即下部为砖砌墩台，上部为木构层楼。它的显著特征就是体量高大，形象庄严，又地处城市中心，通常都是一座城市的标志性建筑，除报时之外，对丰富城市街景也有重要作用。

古代城市以报时为主要用途的钟楼和鼓楼，建得多，毁得多，保留下来的也不少。古都北京、南京、西安、沈阳的钟楼和鼓楼经历了数百年的风雨沧桑，至今仍巍然屹立。此外，天津蓟县、甘肃永昌、江西南昌有钟鼓楼；辽宁北宁，甘肃酒泉、张掖，山西霍州、汾城、方山，浙江宁波有鼓楼；山西大同、平遥、太谷，江西吉安有钟楼等。在已毁的钟鼓楼中，楼虽已不存，但以其命名的街道至今尚在，如四川成都的钟楼和鼓楼；天津鼓楼曾经是天津卫的"三宗宝"之一，民谚说："天津卫，三宗宝，鼓楼、炮台、铃铛阁。"20世纪50年代初，此"宝"却因贯通道路而被拆毁。所幸的是，为传承津沽文脉，消失了半个世纪的天津鼓楼，又以崭新的面貌重新耸立在天津老城厢中心。重建后的鼓楼，弥古而不拘古，砖城木楼，须弥基座，青砖墙面，白玉栏杆，飞檐斗拱，雕梁画栋，显得格外典雅雄伟。最令人惋惜的是内蒙古呼和浩特市钟鼓楼的无端拆毁。始建于清乾隆年间的绥远城（今呼和浩特新城）中心的钟鼓楼，高32米，为当时

◀ 河南洛阳白马
寺钟楼
▶ 河南洛阳白马
寺鼓楼

全城之最高建筑。楼建在约 15 米见方的 10 米高台上，台基用花岗岩条石和青砖混合砌成，东西南北中轴辟门，贯通四条大街。门洞交会处还有一块青马牙圆形巨石，上刻八卦图。楼为三层木结构楼阁式建筑物，二楼左右各建一亭，左亭悬钟，右亭架鼓。三楼的南、北、西三面均悬有横匾，南为"帝城云集"，北为"玉宇澄清"，西为"震鼓惊钟"，十分壮观。

极限明信片上的西安钟楼

登坛拜将

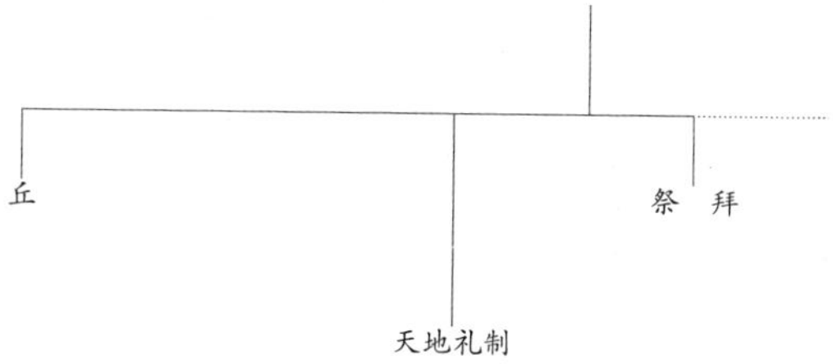

丘　　　　　　　　　　　　　祭　拜

天地礼制

　　"登坛拜将"，古代任命将帅时的隆重仪式，以示对被任命者的重视。《史记·淮阴侯列传》：汉王欲拜韩信为将，"(萧)何曰：'王素慢无礼，今拜大将如呼小儿耳，此乃信所以去也。王必欲拜之，择良日，斋戒，设坛场，具礼，乃可耳。'王许之"。萧何荐韩信于汉王，汉王将以信为大将，于是萧何就说了上面的话。唐苏颋《同饯阳将军兼源州都督御史中丞》："将礼登坛盛，军容出塞华。"宋王禹偁《射弩》："不如执戈士，意气登韩坛。"登坛拜将是我国古代一项重要的礼仪活动，与此类似的礼仪还有会盟、誓师、封禅、拜相、拜帅等，每项活动都有仪式，而举行仪式总得有场所，这个特定场所就是我们通常所说的"坛"。

　　坛，又称丘，是一种特殊类型的中国建筑。它没有屋顶，大都为一以砖石而构的独立露天高台，所以有人说它是没有"建筑物"的建筑。坛的主要功能是服务于各种名目的祭拜活动，故有"祭坛"之称。古代以"礼"为中心的各种祭拜活动中，最核心的内容是"苍璧礼天，黄琮礼地"，也就是面对苍天祭天，面对大地祭地。亦如《广雅》所释："圆丘大坛，祭天也；方泽大折，祭地也。"所以古人就把祭天之坛称作圜（通"圆"）丘，祭地之坛称作方丘（或方泽）。这种祭天地之礼，是为古代最大的典仪。《周礼·大司乐》中有"冬至日祀天于地上之圜丘"的记载，说明早在周代已有专门的祭天建筑——圜丘。汉唐以后，天地之祭更趋隆重，祭坛规模也日趋繁复宏大。以历史古都北京为例，自金代之完颜亮决定以燕京为京师，建立金中都后，除在都城南郊建圜丘、北郊建方丘之外，还在东郊建朝日坛，西郊建夕月坛，城中建社稷坛。元代所建之元大都，又在都城东郊辟地建先农坛和先蚕坛，坛制皆从社稷坛。明代之北京城又增建有山川坛。明清时代，一组规制有度、建筑鼎新、庄严宏丽的祭坛建筑群得以最终建成。祭坛的各种名目皆源于天和地。天包括日月星辰，于是有日坛、月坛之称；地的含义较宽，既表大地，也表土地，土地被神化就变成"社"，"社"和"稷"加起来又是农业，于是就有山川坛、地坛、社稷坛、先农坛、先蚕坛之称。

　　坛作为古代一种专用的礼制性祭祀建筑，"按照祭祀对象、等级的不同，坛的形式、尺度、色彩也不同，历代王朝对它们的形制都有详细规定。如天坛常为圆形，地坛为方形，九宫坛（唐代）为方形井字分隔，社稷坛（明、清）为方形对角分隔，也有些王朝建八角形坛……宗教性的坛，主要是法坛，也称戒坛，多为方形，高低不一，高者称坛城。"（《中国大百科全书·美术卷》）坛的种种规制又多以古代阴阳五行学说为依据。在建筑布局上，天坛以"圆"为本，地坛以"方"为本，以象征"天圆地方"；又，祭天之所（天坛）建于都城南郊，祭地之所（地坛）都建于都城北郊，天属阳，位南；地属阴，位北。另外，"祭日于东，祭月于西，以别内外，以端其位。日出于东，月生于西，阴阳长短，终始相巡，以致天下之和。"（《礼记·祭义》）所以，祭日之所（日坛）建于东郊，祭月之所（月坛）建于西郊。又如，社稷坛置拜殿于坛之北，由北向南祭拜，之所以采用与传统中国建筑布局相悖的布局方式，根据即为《周书》所言："社祭土而主阴气也，君向南，于北墉下，答阴之意也。"故而社稷坛的文化属性则是阴性的。

　　中国历史上曾经有过数以千计的大小祭坛，随着时光的流逝，如今大都已经无迹可寻，只有北京还保留着一处大体完整的帝都祭坛建筑群。它们分别是：天坛（在永定门外）、地坛（在安定门外）、日坛（在朝阳门外）、月坛（在阜成门外）、社稷坛（在今中山公园内）、先农坛（在永定门外）、先蚕坛（在北海公园西北隅）。其中的天坛是古今所有祭坛建筑中的集大成者，也是我国现存规模最大的祭坛建筑。它创建于明永乐十八年，占地 270 公顷，为紫禁城的 3.6 倍，主要建筑包括圜丘、祈年殿、皇穹宇、斋宫、神厨、神库、宰牲亭、七十二连房、丹陛桥、回音壁和围墙等。其中最为耀眼的建筑是圜丘和祈年殿。由白石构筑的三层圆形露天圜丘，又称祭天台，无屋宇覆盖，以天宇为屋顶，广博而壮阔；祈年殿是一座圆形平面大殿，上覆三层深蓝色琉璃瓦，镏金宝顶，辉煌而崇高。天坛的圜丘和祈年殿处处融帝王之"天数"于其中。"九"为天数之极，三层圜丘的上层所铺砌的扇形石板，由内圈的九块递增至九九八十一块；中层、下层均为九的倍数。各层栏板和望柱亦为九的倍数。祈年殿高九丈九尺，亦为天数之极。

逾墙相从

一墙之隔

男女情爱

"逾墙相从"，语出《孟子·滕文公下》："不待父母之命，媒妁之言，钻穴隙相窥，逾墙相从，则父母国人皆贱之。"先秦时代男女交往上的限制是相当森严的，连"钻穴隙"偷看那么一下，都要遭人贱骂。后因以"逾墙相从"或"钻穴逾墙"喻指男女相恋或男女偷情。元郑德辉《㑇梅香》二折："背慈母以寄简传书，期少年逾墙钻穴。以身许人，以物为信。"清纪昀《阅微草堂笔记·槐西杂志》："彼妇之逾墙钻穴，密会幽欢，何异狐之冶荡乎？"乐钧《耳食录·香囊妇》："然既已受美人之贻，入之子之室，与偷香钻穴者何以异？"佚名《梧桐影》第一回："初以情挑，继将物赠，或逾墙而赴约，或钻穴而言私，饶伊色胆包天，到底惊魂似鼠。"

　　这则以情爱事典托意言情的成语典故，是由三个不同角色演绎而成：一对男女和一堵墙。其中，唱主角的是一男一女，而"墙"则是媒介，是衬托，也是一种借喻，内中蕴含着令人回味无穷的文化意韵。

　　墙是建筑的围护结构，"围"和"隔"是其主要功能。用于"围"的墙宜高宜实，目的在于标明界线，封闭视野；而用于"隔"的墙则宜矮宜虚，既隔出了地界，又透出了空间。虚实相间，在遮与不遮之间显现其自然情趣。所以从根本上说，"墙"只是"界"的一种形式。有一种很特别的墙叫"女墙"。何以名之？汉刘熙《释名·释宫室》曰："城上垣曰睥睨，言于其孔中睥睨非常也。亦曰陴。陴，裨也，言裨助城之高也。亦曰女墙，言其卑小，比之于城，若女子之于丈夫也。或曰堞，取其重叠之义也。"施于城墙上的齿状小墙（垣）被称作"睥睨"，而古代女性地位卑微，因此正合适用来形容城墙上凹凸的小墙，故亦称"女墙"。清李渔在《闲情偶寄·居室部》中又曾作如是解说："《古今注》云：'女墙者，城上小墙，一名睥睨，言于城上窥人也。'予以私意释之，此名甚美，似不必定指城垣，凡户以内之及肩小墙，皆可以此名之。盖女者，妇人未嫁之称，不过言其纤小，若定指城上小墙，则登城御敌，岂妇人女子之事哉？至于墙上嵌花或露孔，使内外得以相视，如近时园圃所筑者，益可名为女墙，盖仿睥睨之制而成者也。其法穷奇极巧，如《园冶》

所载诸式，殆无遗义矣。"这的确是有趣的一家之言：这里所说的女墙已经不再是城墙，而是大户人家宅院的小墙。城墙上筑"睥睨"是为了窥视敌情，而园圃宅院"仿睥睨之制而成"的女墙，其高不过齐肩，墙体又多被"虚化"，有"嵌花或露孔"，墙里墙外的人不仅可以相互"窥墙"，甚至还可以"逾墙"。古代有不少文学作品，正是利用墙的这种"朦胧"品格，演绎出一个又一个以"墙"为媒介的情爱故事。

古代最早的一部诗歌总集《诗经》，收有一首题名为《将仲子》的情诗，写一位少女向对她示爱的情人呼告："将仲子兮，无逾我里，无折我树杞。……将仲子兮，无逾我墙，无折我树桑。……将仲子兮，无逾我园，无折我树檀。"大意说，求求你，我的仲子，别屡次三番地翻越我家围墙，园里的花木都让你践踏了。一位热恋中的女子，面对严厉的社会舆论和礼法之网，从"无逾我里"到"无逾我墙"、

"无逾我园"的反复呼告，是安慰，又是求助，活脱脱画出了少女既痴情又担忧的情态。这大约是古代文学作品中最早出现的"逾墙"故事。在中国传统文化里，墙一直与情欲密不可分。墙常常扮演着情欲保护神的角色。著名的例证还可以举出战国楚宋玉的《登徒子好色赋》：登徒子在楚王面前说宋玉好色，宋玉辩解说："天下之佳人，莫若楚国。楚国之丽者，莫若臣里。臣里之美者，莫若臣东家之子。东家之子，增一分则太长，减之一分则太短。……嫣然一笑，惑阳城，迷下蔡。然此女登墙窥臣三年，至今未许也。"宋玉的这段描写成为古代最经典的妇女登墙窥人的佳话。唐罗隐《粉》："郎若姓何应解傅，女能窥宋不劳施。"又《桃花》："数枝艳拂文君酒，半里红欹宋玉墙。"鱼玄机《赠邻女》："自能窥宋玉，何必恨王昌。"罗虬《比红儿诗》："红儿若在东家住，不得登墙尔许年。"宋刘筠《槿花》："半被曾羞问，邻墙却悔招。"谢懋《风入松》："自怜独得东君意，有三年，窥宋东墙。"宋贺铸《花心动》："醉眼渐迷，花拂墙低，误认宋邻偷顾。"王灼《清平乐》："纵使东墙隔断，莫愁应念王昌。"清赵翼《美人风筝》之四："岂是飞琼来下界，不烦窥玉上东墙。"

旧时的封建包办婚姻以及家庭对妻室的冷落，致使红杏出墙，妻室在家里偷情的故事屡见不鲜。唐皇甫枚《非烟传》中的步非烟，是唐懿宗时期洛阳城中一位著名的美女，她"容止纤丽，若胜绮罗。善秦声，好文墨，尤工击瓯，其韵与丝竹合"。但受父母之命，因媒妁之诮而嫁于唐"咸通中任河南府功曹参军"武公业为妾。此人性情彪悍，与心性细腻的步非烟完全是两类人，故而婚后一直郁郁寡欢。一次，武公业外仕，"端秀有文"的比邻书生赵象，一日忽"于南垣隙中窥见非烟，神气俱丧，废食忘寐"。于是买通武家守门人，遂"以情告之"，以诗诱之，唱和数四，遂与之通好。一日，非烟托守门人传语赵象曰："值今夜功曹府直，可谓良时。妾家后庭，即郎君之前垣也。若不渝惠好，专望来仪。方寸万里，悉候晤语。"是夜，赵象如约，逾墙而入，开始了第一次欢会，"及晓钟初动，复送象于垣下。"此后，二人频繁私会。然而，"相思只因难相见，相见还愁却别君。"后事为公业所知，步非烟被鞭打致死，赵象亦易名远窜他乡。赵象和步非烟的相遇、相爱，同样是借助"窥墙"和"逾墙"来演绎的，故事虽以悲剧收场，但步非烟"生得相亲，死亦何恨"的叛逆行为，较其他恋爱故事中的女性显得格外突出。

墙在文学作品中的隐喻特征是十分鲜明的，墙的话语表达也有所不同。一对恋人，相处只有一墙之隔，却因人为的阻挠不能欢会，真是咫尺天涯，令人望墙生叹！同样是一墙之隔，墙内是不可逾越的森严礼法，墙外是发乎本心的蓬勃情欲，只要勇于抗争，墙不但没有阻隔美好的婚姻，反而却促成了不少才子佳人的故事。元杂剧《墙头马上》（白朴）中写裴少俊骑马出行，与李千金隔墙相遇，二人一见钟情，经过传书递简，李家花园约会，李千金竟勇敢地与裴少俊私逃。其间虽遭封建礼法势力的阻挠和夫妻母子的别离之苦，但最终仍是一个大团圆的喜剧结局。李千金有一段唱词，抒发了她遭难时的悲痛心情："〔折桂令〕果然人生最苦是别离。方信道花发风筛，月满云遮；谁更敢倒凤颠鸾，撩蜂剔蝎，打草惊蛇。坏了咱墙头上传情简帖，拆开咱柳阴中莺燕蜂蝶。儿也咨嗟，女又拦截。既瓶坠簪折，咱义断恩绝。"（第三折）白朴所作的另一杂剧《东墙记》，写书生马文辅和董秀英幼有婚约。文辅至松江访董家，假馆山寿家花木堂，与董秀英后花园仅隔东墙。二人相见有情，隔墙听琴和诗，

丫鬟从中传递书信，最终喜结良缘。董秀英有一段唱词抒发她见到马文辅时的喜悦之情："〔天下乐〕我只见杨柳横墙易得春，欢欣，可意人，一见了心下如何忍。送秋波眼角情，近东墙住左邻，觑了可憎才有就因。"（第一折）

古代诗词曲语中"墙"的意象更加丰满，一墙之隔的朦胧，往往是男女情爱一种诗化衬托。唐白居易《井底引银瓶》："妾弄青梅凭短墙，君骑白马傍垂杨。墙头马上遥相顾，一见知君即断肠。"元稹《嘉陵驿二首》其一："墙外花枝压短墙，月明还照半张床。"郑谷《长门怨二首》其一："春来却羡庭花落，得逐晴风出禁墙。"李山甫《寒食二首》其一："风烟放荡花披猖，秋千儿女飞短墙。"五代韦庄《丙辰年鄜州遇寒食城外醉吟五首》之一："好似隔墙红杏里，女郎缭乱送秋千。"冯延巳《上行杯》："罗幕遮香，柳外秋千出画墙。"宋苏轼《蝶恋花》："墙里秋千墙外道，墙外行人，墙里佳人笑。"张先《青门引》："那堪更被明月，隔墙送过秋千影。"欧阳修《越溪春》："越溪阆苑繁华地，傍禁垣珠翠烟霞，红粉墙头，秋千影里，临水人家。"柳永《长相思》："墙头马上，漫迟留，难写深诚。"仇远《玉蝴蝶》："女墙矮、月笼粉雉，娃馆静、尘暗金铺。问清都。广寒仙子，别后何如。"周邦彦《西河》："夜深月过女墙来，赏心东望淮水。"叶绍翁《游园不值》："满园春色关不住，一枝红杏出墙来。"江藻《春日》："桃花嫣然出篱笑，似开未开最有情。"戴复古《山村》："山崦谁家绿树中，短墙半露石榴红。"元泰不花《应制题秋千》："芙蓉宫额半涂黄，双双秋千过画墙。"姚燧《越调·凭阑人》："马上墙头瞥见他，眼角眉尖拖逗咱。论文章他爱咱，睹妖娆咱爱他。"乔吉《清江引·有感》："相思瘦因人间阻，只隔墙儿住。"周文质套曲《思忆》："相逢常约西厢等，到来不奉东墙会。"这些充满诗情画意的墙景，不仅奇美，而且动人。

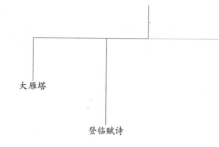

雁塔题名

大雁塔

登临赋诗

"雁塔题名",语出宋胡仔《苕溪渔隐丛话后集·王禹玉》:"唐故事,进士及第,列名于慈恩寺塔,因此谓之雁塔题名。"唐代,城郊高耸的慈恩寺塔(大雁塔)是新科进士"金榜题名"的地方。当时考中进士的人在朝廷赐宴后,要前往长安郊外著名的苑林曲江池聚会游宴,名叫"曲江宴"。然后集中在大雁塔下题写自己的名字,称之为"题名会"。后遂称考中进士为"雁塔题名"。五代王定宝《唐摭言·慈恩寺题名游赏赋咏杂记》:"进士题名,自神龙之后,过关宴后,率皆期集于慈恩塔下题名。"神龙:唐中宗年号。"雁塔题名"后用为科举得中的代称。

➡ 西安大雁塔

　　这条成语中所说的"雁塔",指的就是现今西安市南郊的大雁塔。大雁塔原名慈恩寺塔,塔在寺内,寺、塔同名。唐贞观二十二年(公元648年),东宫太子李治(即后来的唐高宗)为纪念生母文德皇后而建造了慈恩寺。"慈恩"者,指的是以造寺礼佛来追荐生母的"冥福",并答谢其养育之恩。至于寺内的塔则是由高僧玄奘于唐永徽三年(公元652年)创建的,为的是保存自印度取回的梵文佛经典籍。因大乘佛教有所谓"葬雁建塔"的传说,故以"雁塔"命名。唐末战乱迭起,雁塔不断遭毁,又屡屡重修,现存实物为明代遗构,是我国留至今日最高的砖构方塔。塔高64.1米,平面方形,上下七层,逐层收缩。塔内中空,有盘道可供登临。塔正面设门,内壁镶嵌唐太宗李世民亲撰《大唐三藏圣教序》和唐高宗李治亲撰《大唐三藏圣教序记》碑,均由唐代大书法家褚遂良奉敕而书,字体严谨秀丽,是我国现存极具历史价值的唐代文物。塔前还留下自唐至清一千多年间陕西举人题名的刻石。

　　一座名塔,因为演绎出"雁塔题名"而平添了更多的人文色彩和书卷气息。唐代的举子及第者视雁塔题名为人生最为称心如意的快事,以至形成"塔院小屋四壁,皆是卿相题名"的情景,而千百年来的文人士子也同样把雁塔赋诗看作是人间最为得意的风流韵事,还流传有不少趣闻佳话,以至全国各地都有不少附庸风雅的"雁塔"。

　　大雁塔超拔天地,给了文人一个俯瞰京都、远视神州的角度。唐代众多著名诗人,如杜甫、白居易、岑参、高适、储光羲、卢宗

回、张乔、章士元等，都曾登临雁塔，并留下了许多脍炙人口的佳篇。唐天宝十一年（公元752年）秋，诗人岑参与杜甫、高适、储光羲、薛据五人同登大雁塔，除薛据外，其他四人都有名诗传世。其中，以刻画景物之妙当推岑参的《与高适薛据登慈恩寺浮屠》："塔势如涌出，孤高耸天宫。登临出世界，磴道盘虚空。突兀压神州，峥嵘如鬼工。四角碍白日，七层摩苍穹。下窥指高鸟，俯听闻惊风。连山若波涛，奔走似朝东。青槐夹驰道，宫观何玲珑。秋色从西来，苍然满关中。五陵北原上，万古青蒙蒙。净理了可悟，胜因凤所宗。誓将挂冠去，觉道资无穷。"诗人仰观俯视，远近游目，生天地之思，发人生之叹。若以比兴含蕴之深应属杜甫的《同诸公登慈恩寺塔》："高标跨苍穹，烈风无时休。自非旷士怀，登兹翻百忧。方知象教力，足可追冥搜。仰穿龙蛇窟，始出枝撑幽。七星在北户，河汉声西流。
羲和鞭白日，少昊行清秋。秦山忽破碎，泾渭不可求。俯视但一气，
焉能辨皇州？回首叫虞舜，苍梧云正愁。惜哉瑶池饮，日晏昆仑丘。
黄鹄去不息，哀鸣何所投？君看随阳雁，各有稻粱谋。"诗人的忧时
忧世之感，与陈子昂的"前不见古人，后不见来者，念天地之悠悠，
独怆然而泣下"异曲而同工。岑参和杜甫的这两首题材相同的咏塔
名诗，均被选录在《唐诗三百首》。唐大历六年（公元 771 年），诗
人章士元及第登塔，也留下一首《题慈恩寺塔》的好诗："十层突兀
在虚空，四十门开面面风。却怪鸟飞平地上，自惊人语半天中。回
梯暗踏如穿洞，绝顶初攀似出笼。落日风城佳气合，满城春树雨蒙
蒙。"奇妙的意境、非凡的气势，着实令人欣喜赞叹。

　　唐代以后的千余年间，赋慈恩寺和大雁塔一直都是诗的歌咏对
象。有人曾作出统计，自唐高宗李治起，先后有近 400 首此类诗词
面世，后世所咏尽管盛唐气象不在，但也不乏上乘之作。宋林光朝
有《次韵奉酬赵校书子直》诗，其中的联句："雁塔新题墨未干，去
年灯火向秋兰。"其悠然情怀令人难忘。元诗人杨载有《送完者都同
知》诗中更有"姓名题雁塔，谱牒记龙沙"的名句。清人陈培脉也
有一首《登慈恩寺浮屠》："飘然天半御风轻，身在浮屠绝顶行。三
辅山河掌上尽，五陵云树望中平。烟氲香界从朝暮，高下桑田几变更。
故事尚传唐进士，曲江晏罢共题名。"登塔所激起的内心感受因人
而异，清之陈培脉究竟比不上唐之杜甫，诗情飘忽而苍凉，远不及
杜诗那般寥廓和壮美。

鲁殿灵光

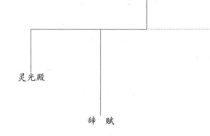

灵光殿

辞　赋

"鲁殿灵光"，源出东汉王延寿《鲁灵光殿赋·序》："鲁灵光殿者，盖景帝程姬之子恭王余之所立也。初恭王始都下国，好治宫室，遂因鲁僖基兆而营焉。遭汉中微，盗贼奔突，自京西未央、建章之殿，皆见隳坏，而灵光岿然独存。"灵光：汉代殿名，为景帝子鲁恭王余所建。汉代中叶以后历经战事，长安等地著名宫殿如未央、建章等都被毁坏，只有灵光殿还存在，后因此称仅存的人物为"鲁殿灵光"或"鲁灵光"。宋李曾伯《挽尤端明诗》之一："典型周大雅，人物鲁灵光。"

鲁国是春秋时代一个与齐国为邻的重要国家。古代大匠之学缔造者之一的鲁班和古代第一圣人孔子均为鲁国人。西汉鲁恭王之灵光殿就建在鲁国故都的宫廷区。鲁国都城是先秦时期规模最大的一座古城池，约建造于西周后期，具体地址就在今山东曲阜市东北，为国家级重点文物保护单位。在经历了三千多年的历史变迁，当年的城池轮廓至今仍旧依稀可辨。其城址面积要比明代所构筑的曲阜城大出近 5 倍，平面呈带圆角的横长矩形，东西长 5700 米，南北宽 3500 米；城墙夯土筑成；全城共有城门十二座，北四门，南二门，东西各三门；城中心偏东为宫廷区，区内尚存大量高台建筑基址，其中既有东周殿基，又有汉代殿基，但鲁灵光殿遗址却有待进一步查实。

曾经辉煌的汉鲁"灵光殿"虽然早已荡然无存，但它的显赫名声却并未因时光的流逝而消失，其中一个非常重要的缘由，就是有一篇流传千古的大赋之作一直铭刻在世人的心中。灵光殿的奢华瑰丽，经过王延寿华美章句的颂扬，"图画天地，品类群生，杂物奇怪，山神海灵，写载其状，托之丹青，千变万化，事各胶形，随色象类，曲得其情。"是何等气象！元李好文《长安志图》中曰："尝读汉人之赋，遂知西京台观之盛。"清乾隆帝在《重修天宁寺碑》中亦说："鲁灵光殿之独存也，好古者犹赋而传之。"

　　中国的建筑文化，自古就受到文学意象的控制，所以中国建筑在文学中的地位是很特殊的。中国文学对建筑的描绘起于先秦，《诗经》《楚辞》中已有周建筑、鲁建筑、殷建筑、楚建筑的称颂。但要探讨建筑与文学的渊源，其核心课题则是要了解"赋"与建筑的相互关系。建筑学家张良皋先生在《匠学七说》一书中写道："大赋是以颂扬京邑宫室之美为主题的特殊文体。这种文体，自两汉以后，一直站在中国文学舞台的中央。以后尽管唐诗、宋词、元曲、明清小说……代有兴作，但大赋一体久盛不衰，直到清朝，人们隐隐中仍以大赋为考验词章家笔力的标准……皇帝们一旦建了什么宫殿苑囿，少不了就要词臣们献赋……当我们以中国建筑师的眼光诵读这些大赋时，不能不赞赏这些文章气象之恢宏，结构之严谨，辞藻之华丽，想象之丰富，的确是令人陶醉的美文。对于京邑宫殿，往往征引故实，渲染背景，博采名物，铺陈典章，不读这些大赋，真还很难领会中国建筑曾经到达何等水平，也很难憧憬人类建筑应该到达何种境界。中国人写景状物，本来注重'左图右史'，但图之传播，远不如文之既久且远；这些大赋，恰恰饱含信息，而且富于科学思维，相当准确地传达了中国古代京邑宫室的外貌和精神；要为中国写建筑史，不读这些大赋是难于下笔的。"

　　从古到今，究竟有多少文学作品描写建筑、歌颂建筑，实在也难于统计，倘有人能集此大全，定会令品赏之人叹为观止。其中，洋洋大观者当是汉魏六朝时代所创作的大赋。创于周而行于汉的赋,开启了以歌颂古代城市为主题的崭新时代。自汉以后,以"赋体"文学描写、歌颂古代都邑、宫廷、苑囿的赋作不胜枚举,其中,仅汉魏六朝创作并留存的此类大赋就多达三十余篇(包括残篇),重要的有:西汉司马相如的《上林赋》,扬雄的《蜀都赋》、《甘泉赋》,枚乘的《菟园赋》、《忘忧馆柳赋》,东汉班固的《两都赋》(包括《东都赋》、《西都赋》),傅毅的《洛都赋》、《反都赋》,崔骃的《反都赋》、《武都赋》,张衡的《二京赋》(包括《东京赋》《西京赋》)《南都赋》,刘桢的《鲁都赋》,徐幹的《齐都赋》,王延寿的《鲁灵光殿赋》,王粲的《登楼赋》,边让的《章华台赋》,魏吴质的《魏都赋》,刘邵的《赵都赋》,何宴的《景福殿赋》,晋左思的《三都赋》、《齐都赋》,庾阐的《扬都赋》、《吴都赋》,何桢的《许都赋》,王廙的《洛都赋》,傅玄的《正都赋》、《蜀都赋》,曹毗的《魏都赋》,南朝宋夏侯弼的《吴都赋》,谢灵运的《山居赋》,鲍照的《芜城赋》,南朝梁吴均的《吴都赋》,北周庾信的《小园赋》、《三月三日华林园马射赋》等。这些赋体文学名篇几乎都是以状写重大建筑物为主题的经典文学名篇,行文都以近乎诗的文词,夸张扬历,"气号凌云",生动形象地再现了中国传统建筑曾经有过的辉煌,从而为后人认识和研究大量消失的古代建筑提供了可贵的历史资料。

一部中国古代建筑历史,凡享有盛誉者无不得益于文学家的风流文采。有的虽历经劫难而屡得复兴,厮守至今;而有的虽为时光剥蚀,踪迹难觅,但华章既存,遗风犹在,留在华丽辞赋中的"鲁殿灵光",尽管它的真实面貌难以知晓,但却依旧能引起人们的缅怀凭吊。由此引出联想:当代之"宏都雄城"、"巨厦高楼"比比皆是,而令人为之喝彩的建筑文学作品却十分鲜见,是文学家不再关注建筑,还是建筑作品缺乏能唤起文思的艺术魅力呢?

暗香疏影

花魂香韵

香景清漫

斜影浮动

"暗香疏影"，语出北宋林逋《山园小梅》诗："疏影横斜水清浅，暗香浮动月黄昏。"原意是描写梅花的姿态和香味，后因以"暗香"、"疏影"为梅花的代称。宋词人姜夔曾以"暗香"、"疏影"两曲赋梅，自立新意，堪称绝唱。

香是具象于世界之外的一种无形之物。虽然无形，但它却四处弥漫、沁人心脾。香是"芬芳"的，又是审美的。它似有若无的影像神韵构成中国艺术中的一种美妙境界。先看《红楼梦》中一段有关香的精彩描述："（警幻仙姑）说毕，携了宝玉入室。但闻一缕幽香，竟不知其所焚何物。宝玉遂不禁相问。警幻冷笑道：'此香尘世中既无，尔何能知! 此香乃系诸名山胜境内初生异卉之精，合各种宝林珠树之油所制，名群芳髓。'宝玉听了，自是羡慕而已。大家入座，小丫鬟捧上茶来。宝玉自觉清香异味，纯美非常，因又问何名。警幻道：'此茶出在放春山遣香洞，又以仙花灵叶上所带之宿露而烹，此茶名曰千红一窟。'宝玉听了，点头称赏。因看房内，瑶琴、宝鼎、古画、新诗，无所不有，更喜窗下亦有唾绒，奁间时渍粉污。壁上也见悬着一副对联，书云：幽微灵秀第，无可奈何天。"（第五回）在这里，"香"的神韵竟在"无可奈何"之处，虽无形却有魂。为营造其中的"香味"，作者运用传统造园艺术手法所构建的大观园，精心设置了很多含"香"的景点，如，暖香坞、红香圃、稻香村、梨香院、木香棚、藕香榭等，真是做足了文章。古往今来，香这个无形之物所显现出的韵味，一直受到艺术家们的关注，造园家的追求格外值得称颂。

陈从周先生说："园林之景，有实有虚……在虚景中，还有一件是香，所以鸟语与花香是结合在一起的，足证古人对安排园境、风景，用心之妙了。"（《帘青集》）无形的香影、幽香、暗香、冷香，可以奇妙地勾勒出有形的"香景"。所以，古典园林中因植物而生的香景也就成为非常重要的审美追求。其中，最受文人雅士推崇的要数梅花的幽香，于是以梅花香为主题的景点也备受造园家的喜爱。梅花傲骨冰心，清香可人，号称冷香、暗香。北宋林逋的咏梅名句"疏影横斜水清浅，暗香浮动月黄昏"（《山园小梅》），以其疏影横斜的姿态景观和暗香浮动的花魂香韵，几乎成为艺术家竞相追求的境界。辛弃疾《和傅岩叟梅花》："暗香疏影无人处，唯有西湖处士知。"宋词人姜夔曾谱"暗香"、"疏影"两曲来赋梅，自立新意，堪称绝唱。其《暗香》词中有"但怪得，竹外疏花，香冷入瑶席"的名句。纵观历代诗人、词家的咏梅佳句，也大多盛赞梅花的"暗香"，如唐齐己《早梅》："风递幽香出，禽窥素艳来。"宋陆游《咏梅》："零落成泥碾作尘，只有香如故。"赵文《咏梅》："当于香色外观韵，可怪冰霜中有春。"黄庭坚《戏咏腊梅二首》其一："披拂不满襟，时有暗香度。"元王冕《白梅》："忽然一夜清香发，散作乾坤万里春。"清律然《落梅》："和风和雨点苔纹，漠漠残香静里闻。"苏州名园狮子林中的暗香疏影楼，就是以林逋诗的意境营造的一处著名的赏梅听香景点，楼的造型是楼又非楼，底层仅为一稍宽之敞廊，二楼出挑，设长窗扇和花饰栏杆，推窗可见梅花、山石和池水，上楼可走楼梯，亦可循假山蹬道拾级而上，黄昏时分，月上枝梢，有"暗香浮动"，真是醉人的意境。苏州拙政园的雪香云蔚亭，也是一处以赏梅而著称的"香景"。此亭高踞一土山之上，似与云相映，四周植梅多本，冷香四溢，极具山林野趣。当然，园林中的很多植物香气也都能在文人的笔下呈现出不同的"香味"意象。南朝梁简文帝《初桃》："枝间留紫燕，叶里发清香。"宋米芾《醉太平》："暗香微透窗纱，是池中藕花。"欧阳修《采桑子》："莲芰（菱）香清。"谢逸《千秋岁》："楝花飘砌。蔌蔌清香细。"苏轼《定风波》："雨洗娟娟嫩叶光，风吹细细绿筠香。"晁端礼《满庭芳》："十里横塘过雨，荷香细，蘋末风清，真如画。"柳永《受恩深》："雅致装庭宇，黄花开淡泞，细香明艳尽天与。"刘泾《夏初临》："小桥飞入横塘。跨青蘋、绿藻幽香。"晁冲之《如梦令》："一阵牡丹风，香压满园花气。"文人笔下的种种香味意象也都能在园林中构筑五花八门的美景，只要留意一下那些带"香"的景名即可窥探其中的虚实。北京圆明园昔有映水兰香和泽兰堂，颐和园有玉澜堂（时名"玉香海"），苏州拙政园有玉兰堂等，这些著名的赏兰景点，皆因兰花的香气袭人而得名。另如，北京故宫御花园有赏竹香的凝香亭，中南海有"盆菊仍霏清静香"（康熙帝题）的菊香书屋，北京颐和园和苏州怡园各有赏藕香的景点藕香榭，北京恭王府花园有吟香醉月、秀挹恒香、樵香径、雨香岭、妙香亭等，南京玄武湖有"夏日绿荷香满郭"的荷艳藕香，扬州瘦西湖有静香书屋，苏州留园和广州余荫山房有"桂花香动万山秋"的秋日佳景闻木樨香亭，苏州拙政园有满池荷花、香远益清的远香堂，还有香洲、香影廊，也都是"香"上文章。

在寺庙园林中，妙香远闻更是一种佛的境界。李白《庐山东林寺夜怀》："天香生虚空，天乐鸣不歇。宴坐寂不动，大千入毫发。"佛教中有所谓六境、六尘之说，其最高境界被称为"香积世界"或"众香国"，其处的佛为"香积如来"，天人坐于香树之下，闻妙香即能达到智慧功德之圆满。因此，以香名寺、以香作景，取的就是聚众香功德，让众生感受它的香气。如河南中岳少室山南有始建于北魏的香积寺，寺内有"桂香结伴傍禅林"的桂香庵；四川灌县、陕西长安县亦有名刹香积寺；北京西山八大处有始建于唐代的香界寺；山西清徐、柳林，辽宁千山都建有香岩寺；北京香山和河南宝丰均有香山寺等。

有人说，香是园之魂。造园家在园中设置"香景"，游赏者到园中"闻香"，其实都是在艺术中寻找自己生命的香味。明代艺术家李日华有一首题画诗云："木叶阴中听鸟语，荷花香里下鱼钩。"这里的所谓"荷花香里下鱼钩"，显然是"醉翁之意不在酒"，而在他的内心世界。前人咏扬州瘦西湖曾有诗云："日午画船桥下过，衣香人影太匆匆。"这样的境界，既是对瘦西湖美丽景致的推崇，也是对人的生命境界的推崇。

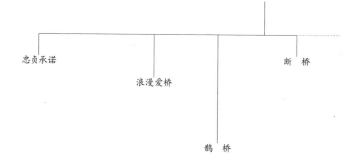

蓝桥之约

忠贞承诺　　　浪漫爱桥　　　　鹊　桥　　　断　桥

　　"蓝桥之约"的典故最早出自《庄子·盗跖》:"尾生与女子期于梁下,女子不来,水至不去,抱梁柱而死。"《史记·苏秦列传》亦有同样记载:"秦说燕王曰:信如尾生,与女子期于梁下,女子不来,水至不去,抱柱而死。""梁下"就是桥下(古桥、梁为同义异名),桥却指架在陕西蓝田兰峪水上的蓝桥,俗称尾生桥。"桥久废,明代羽士王天枝募铁为链,飞空如虹。清康熙四年(公元1665年)重修,亘8.6丈。南岸即鸡头关,北凭山峡,垒石为码头,上翼栏杆。"(茅以升主编《中国古桥技术史》)这一故事中的主角尾生,以今天的道德标准来衡量难免显得有些迂腐,但在古代,这则来自桥的典故却成为中国传统文化中一个涉及男女爱情和两性间的著名隐喻和象征。

　　尾生信守承诺,忠于爱情的千古佳话代代相传,民间把相爱男女所订信约称之为"抱柱信",文人亦不断为之吟诵。南朝梁萧衍《秋歌》:"当信抱梁期,莫听回风音。"唐李白《长干行二首》其一:"常存抱柱信,岂上望夫台。"张祜《途次扬州赠崔荆》:"尾生从抱柱,颜子也醩糟。"温庭筠《答段柯古见嘲》:"尾生桥下未为痴,暮雨朝云世间少。"骆宾王《代女道士王灵妃赠道士李荣》:"只言柱下留期信,好欲将心学松舜。"宋刘筠《又赠一绝》:"风波若未乖前约,一死何曾更抱柱。"明汤显祖《牡丹亭》第二十二出:"尾生般抱柱正题桥,做倒地文星佳兆。"无独有偶,在唐人裴铏所写《传奇》中的《裴航》,又被演绎出一个唐代"蓝桥之约"的动人故事:下第秀才裴航"游于鄂渚",偶遇"国色"美女樊夫人,深为爱慕,"言词问接,帷帐昵洽"。夫人告诉他自己是有夫婿的,不能接受他的美意,就赠裴航诗一章:"一饮琼浆百感生,玄霜捣尽见云英。蓝桥便是神仙窟,何必崎岖上玉清。"裴航不明诗中含义,怏怏离去。后来他途"经蓝桥驿侧近,因渴甚,遂下道求浆而饮。见茅屋三四间,低而复隘。有老妪缉麻苎。航揖之,求浆。妪咄曰:'云英,擎一瓯浆来,郎君要饮。'航讶之,忆樊夫人诗有'云英'之句,深不自会。"因向其求取婚事。老妪告诉裴航,"君约(打算)取(娶)此女者,得玉杵臼,吾当与之也。"为了能娶到云英,裴航云游四方,几经周折,终于找到云英姥姥所讨要的玉杵臼,并不辞辛苦捣药百日,老妪惊叹曰:"有

如此信士乎！"二人终于结为夫妻，并双双成仙而去。这则人与仙的"蓝桥之约"，无疑为蓝桥平添了几分浪漫和温馨。明人龙膺作《蓝桥记》传奇，亦以此篇演绎而成。在后世的文化传承里又被引申出更加丰富的寓意。如以"蓝桥"或"蓝桥路"喻指恋人幽会或联姻之路。唐人唐彦谦《无题十首》其五："谁知别易会应难，目断青鸾信渺漫。情似蓝桥桥下水，年来流恨几时干。"宋周邦彦《浪淘沙》："飞散后、风流人阻，蓝桥约、怅恨路隔。"清纳兰性德《忘堂春》："相思相望不相亲，天为谁春？浆向蓝桥易乞，药成碧海难奔。"清青心才人《金云翘传》第三回："两意坚蓝桥有路，通宵乐白璧无瑕。"以"寻玉杵"喻指婚姻美满，清玉魫生《海陬冶游附录》："好向人天寻玉杵，蓝桥烟月许重探。"以"云英"喻指意中人，宋苏轼《南乡子》："蓝桥何处觅云英？只有多情流水、伴人行。"美国有一部讲述战乱中悲欢离合的爱情故事，它的英文名是"WATERLOO BRIDGE"，直译应为《滑铁卢桥》，虽然与我国的"蓝桥"无关，但汉语译名《魂断

蓝桥》，无疑是借用了这一"典故"，实在是精彩无比，令人叫绝。

中国文化中作为爱情象征的名桥，不仅出现在地上，天上也有桥，那就是牛郎织女在银河相会的"鹊桥"。《淮南子》："乌鹊填河成桥渡织女。"《风俗通》："织女七夕当渡河，使鹊为桥。"牛郎织女鹊桥相会以及因此而酿成的七夕民俗，经过民间的不断演绎，其人文内涵也日益丰富，着实令人向往神会，故而也成为我国古典诗词中的传统主题之一。宋词中甚至还出现一个主要以抒写男女情事的词牌"鹊桥仙"。于是，古代诗人词家在歌咏男女情爱时，"鹊桥"就被频频用于比兴或隐喻。如：魏曹丕《燕歌行》："牵牛织女遥相望，尔独何辜限河梁？"唐权德舆《七夕》："今日云骈渡鹊桥，应非脉脉与迢迢。"林杰《七巧》："七夕今宵看碧霄，牵牛织女渡河桥。"李邕《奉和初春幸太平公主南庄应制》："织女桥边乌鹊起，仙人楼上凤凰飞。"宋秦观《鹊桥仙》："柔情似水，佳期如梦，忍顾鹊桥归路！"杨无咎《鹊桥仙》："云容掩帐，星辉排烛，待得鹊成桥后。"蔡伸《减字木兰花》：

"金风玉露，喜鹊桥成牛女渡。天宇沈沈，一夕佳期两意深。"刘克庄《踏莎行》："驱雀营桥，呼蟾出海，朝朝暮暮遥相望。"桥梁不仅寄托着人间的感情，也寄托着天上神仙的感情。

人间天堂西湖白堤上的"断桥"，也是一座令人回味无穷的爱情桥。桥始建于唐，是一座独孔环洞拱形长桥，它既没有断也没有坏，何以谓曰"断桥"？说法很多，至今还属难解之谜。断桥之所以在千百年来独享盛名，不能不归功于民间故事《白蛇传》的深得人心，传说许仙去灵隐附近上坟，归途时在断桥巧遇白娘子，于是引出一段恩义将断未断的爱情佳话。从此断桥就被蒙上一层西湖情人桥的浪漫色彩。若不是西湖边的断桥，白娘子和许仙又怎么成就得了一段姻缘？它是建在民众心目中的爱情桥。牛郎织女在天上的鹊桥演绎情爱，而白素真与许仙却在地上的断桥抒发"夫妻本是同林鸟，大难到时各自飞"的悲欢情怀。

元诗人钱思复在他的《西湖竹枝词》中写道："十里荷花锦作堤，郎舟泊在断桥西。妾家住熟孤山路，梦里寻郎路不迷。"在神州大地，因桥会男女而演绎出的情人桥远不止西湖断桥一处，被世人传为佳话的有寓意不同的十大爱情名桥。除了以景享誉天下，更以情驰名人间的西湖断桥，其他九座分别是：广西三江的林溪风雨桥，是侗

族男女的花桥；湖南桂东的仙缘桥，是大自然的神工鬼斧造就的地上鹊桥；云南丽江的泸沽湖走婚桥，是摩梭男女的爱情鹊桥；四川西羌的九黄山钢索桥，是最为险峻的情人桥；四川都江堰的安澜索桥，是百年好合的夫妻桥，海南三亚的鸟巢过江龙索桥，因电影《非诚勿扰》而烙上爱情的印痕；西湖的西泠桥，是古代名妓苏小小的永结同心处；江苏同里的富观桥，是最富神话色彩的爱情桥；上海的外白渡桥，是现代爱情的标志地。

上述的男女相爱之桥，尽管各有不同寓意，但有一点是共同的，那就是充满了浪漫情怀。而浙江绍兴沈园有一座春波桥，带给人的却是一种讳莫如深的伤感情怀。春波桥亦称伤心桥，南宋诗人陆游曾在桥边的沈园，与唐婉有过一段刻骨铭心的悲欢离合，时隔数十年，当诗人重临春波桥，触景伤怀，感慨万分，赋诗曰："城上斜阳画角哀，沈园非复旧池台。伤心桥下春波绿，曾是惊鸿照影来。"多么令人伤感的垂老情怀！

作为一般市民百姓最喜闻乐见的古代戏曲，也有不少受到这类情情绵绵，哀哀怨怨故事的影响，演绎出很多有关爱情的"桥"戏，如《蓝桥遇仙》、《七世夫妻》、《蓝桥会》、《鹊桥相会》、《断桥相会》、《虹桥赠珠》、《草桥惊梦》，等等。

舞榭歌台

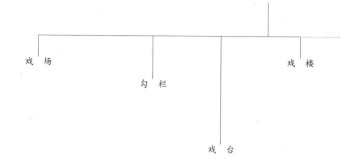

戏场　　　　勾栏　　　　戏台　　　　戏楼

"舞榭歌台"，榭：建在高台上的敞屋，歌舞技艺表演的场所，亦作"歌台舞榭"、➔ 扬州"何园"古
戏台"舞榭歌楼"或"歌楼舞馆"，唐黄滔《馆娃宫赋》："舞榭歌台，朝为宫而暮为沼。"唐蔡孚《享龙池乐章》："歌台舞榭宜正月，柳岸梅洲胜往年。"元乔吉《游琴川》："舞榭歌楼，酒令诗筹，官府公勤，人物风流。"明刘基《郁离子·天道》："是故碎瓦颓垣，昔日之歌楼舞馆也。"

戏曲源于远古的歌舞。《诗经·陈风·宛丘》中即有"坎其击鼓，宛丘之下。无冬无夏，值其鹭羽"的咏唱，描写的就是人在"宛丘"（四方高中央低）手持羽毛起舞，观众在四周居高临下欣赏表演的情形。这种原始的露天歌舞场，似可看作古代最早的剧场。随着歌舞戏曲的不断兴盛，在不同时代的表演场所，因表演内容和演出地点之不同而先后出现各种不同的称谓，古代文献中经常出现的就有舞榭、歌台、舞馆、舞台、舞筵、歌场、戏场、变场、道场、乐棚、歌舞台、乐楼台、乐舞台、砌台、露台、舞亭、乐亭、乐台、舞楼、乐楼、献楼、舞厅、舞殿、乐厅、演亭、勾栏、戏厅、戏台、戏楼、茶园、戏园、戏院等，真可谓名目繁多，蔚为大观。但"就建筑而言，以唐代的戏场、宋代的勾栏（也作勾阑、构栏）、元代的戏台和清代的戏楼、戏园为其主流。"（《中国大百科全书》）

戏场之谓虽在隋朝已见诸文献，但大行其道却始于唐代，初盛行于宫廷，随之又普及到有开阔场地的寺院，连士庶也可以任意光顾。唐代诗文中有不少关于当时戏场的形象描述：王建的《宫词》有"更筑歌台起妆殿，明朝先进画图来"；杜牧的《阿房宫赋》有"歌台暖响，春光融融；舞殿冷袖，风雨凄凄"；白居易的《柘枝妓》中有"平铺一合锦筵开"（锦筵即舞筵，用以表演歌舞的台子）；元稹的《哭女樊诗》中有"腾踏游江舫，攀援看乐棚"。这些诗文中所提到的歌台、锦筵、乐棚都是供表演使用的临时性建筑，使用后即予以拆卸，有点类似今天为大型露天演唱会所搭建的临时舞台。

勾栏是宋元城市中专门供杂剧、说唱、歌舞演出的演艺场所，通常都设在城市热闹繁华的"瓦子"（设有酒楼、茶馆、瓦舍、商店

的综合市场）里边，北宋汴梁、南宋临安都有数量可观的勾栏。《东京梦华录》记："街南桑家瓦子，近北则中瓦，次则里瓦，其中大小勾栏五十余座。"《武林旧事》记："北瓦内勾栏十三座最盛。"其中的一座勾栏就曾演出过由杭州著名艺人张五牛创作的诸宫调《双渐小卿》，后被施耐庵移植到了《水浒传》第五十一回，即白秀英在郓城"勾栏"演出的诸宫调《豫章城双渐赶苏卿》。艺人在瓦子中搭起勾栏演戏卖艺，开创了古代营业性舞台演出的先河。说到勾栏的建筑形制，目前已很难找到可考实物，但从元杜善夫散曲《庄家不识勾栏》和无名氏《汉钟离度脱蓝采和》的描述中，可大体推知其简单面貌：勾栏似方形木箱，四周围以栅栏或板壁，一面有门曰棚门，供观众出入；门口贴有被称作"招子"或"花招儿"之类的花绿纸榜，预告演出节目，类似今天的海报；勾栏内部设有高出地面的戏台，台口围以栏杆；观众席则是个木制的斜坡，观众"层层叠叠团圞坐"。

元代开始有了永久性戏台的建置，也有了相对规范的舞台形制，并出现了前后台的划分。以戏台为中心向周围环境开放,从而形成演出空间,一个空旷的戏台,三面敞开,一面留出作为后台,就成为一座独特的中国式剧场,这一点和西洋古典戏剧皆有固定的演出剧场有很大的差异。元代戏剧的日趋成熟,也大大促进了戏台建筑的发展,建造戏台几成风尚,至今尚有不少建于元代的戏台被保留下来,其中以山西为最多,大约有10处,最大的一座是翼城武池乔泽庙戏台,舞台面积达93平方米,最小的一座是石楼殿山寺圣母庙戏台,面积只有19.平方米,年代最久的一座临汾魏村的牛王庙,始建于元至元二十年(1283年),距今已有700多年历史,戏台平面近方形,四角有柱,前柱石造,后柱木构,柱距7.55米,单檐歇山顶,有斗拱。明代戏台承前而启后,其建筑形制已从单一类型延伸出更多样式,不仅有单檐长方形,还有双幢竖联式(前为台口,后为戏房)和三幢并列式(戏房移至台口两侧);舞台的演出面积也有所扩大,布局更加合理。从目前保留的近80处历史遗存来看,大部为神庙戏台,分布在全国十多个省区。其次,明中叶以后,戏曲演出已开始由大庭广众进入士大夫私家宅园,期间的江南一带,由元代南戏演变形成的昆曲盛极一时,空前繁荣的造园艺术也日臻成熟,二者的相互融合恰好为文人雅士创造了一个园林顾曲雅玩的背景条件,所以在江南的私家园林中,各种供园中宾主纳凉拍曲的厅、阁和小型戏台比比皆是。以当时作为戏曲声腔云集地的扬州为例,在清乾隆盛世的几十年中,全国各地戏曲先后汇演于扬州,而文人士大夫在园林中举办曲会唱戏也成为时尚,因之也就有了为数众多的戏楼和歌台。这些戏台虽然有很多已在历史的沧桑中作古,但也有幸存下来的实例,其中被保留在私人园林中的尚有三座:刘庄(即余园)戏台、棣园(即驻春园)戏厅和何园(即寄啸山庄)戏亭,其中最为独特精致的是何园戏亭。它建在园池之中,故名"水心亭",也被称作"小方壶"。亭以曲桥、小径与廊、楼相连,"四角卧波,为纳凉拍曲的地方"。若在亭中留憩,可倚栏俯视鱼游之乐,环赏景观之美;隔水回廊,则可兼作观剧的看台,声音"拂波而至",别具情趣。"此戏亭利用水面的回音,增加音响效果,又利用回廊作为观剧的看台。"(陈从周)苏州私家园林中保留的古戏台也很多,且形式多样,变化不拘,甚至"花厅、水阁都是兼作顾曲之所,如苏州怡园藕香榭,网师园濯缨水阁等,水殿风来,余音绕梁,隔院笙歌,侧耳倾听,此情此景,确令人向往……"(陈从周《园林美与昆曲美》)其他像拙政园的"卅六鸳鸯馆"也兼供顾曲之用。格外值得一提的是留园的"林泉耆硕之馆",馆南的庭院中旧有建构华丽的戏台,有苏州第一戏台之誉,园主效仿晋谢安闲居会稽东山,家有"丝竹"的典故,将其命名为"东山丝竹",有戏台对联云:"一部廿史,演成今古传奇,英雄事业,儿女情怀,都付与红牙檀板;百年三万场,乐此春秋佳日,酒座簪缨,歌筵丝竹,问何如绿野平泉。"如今虽已不存,但保留在石库门上的"东山丝竹"砖额,我们仍然可以感受到当年"水殿风来,余音绕梁,隔院笙歌"的曲韵。

　　清代戏曲艺术的空前繁荣，催生和繁衍出大量华丽辉煌的戏楼建筑，造型之丰，数量之大，分布之广，堪称空前绝后。宫廷戏楼、神庙戏楼、私家戏楼、会馆戏楼以及城市营业性戏园一应俱全。其中最为宏丽壮观的自然是以满足帝后们借戏曲享乐消闲为目的而建造的宫廷戏楼。这些戏楼不少都已毁废，目前尚存的有颐和园的德和园，紫禁城的漱芳斋戏楼、长春宫戏楼，北海的晴栏花韵戏台等。此外，清宫内还有为数不少的室内小戏台，如瀛台的八音克戏台、重华宫的风雅存戏台、宁寿宫的倦勤斋和景祺阁戏台、长春宫的怡情书史戏台等。清中叶以后，北京、天津、上海、南京、广州等大城市，陆续建起了数目可观的各类城市商业性戏园，从此，中国戏曲才真正有了固定观看表演的场所。然而，"风流总被雨打风吹去"，昔日曾经盛极一时的知名戏园，如今已少有遗存，唯一值得庆幸的是，曾经显赫一时的京城四大会馆戏楼（正乙祠戏楼、湖广会馆戏楼、安徽会馆戏楼、阳平会馆戏楼），却奇迹般被保留下来，如距今已有三百年历史的正乙祠戏楼，经过整修已恢复昔日风采，成为北京戏曲爱好者一生不能不去的朝觐之地。

镜花水月

借月造景　　　　　　皓月皎美　　　　　　碧波如镜

"镜花水月"，源出佛教名词。东晋名僧慧远在他所著的《鸠摩罗什法师大乘大义》中曾如是阐发佛教的所谓"性空"理论："如镜中像，水中月，见如有色，而无触等，则非色也。"意思说，世间一切事物皆如"镜中像，水中月"，看得见，摸不着，并无实体。明代谢榛在《诗家直说》中借用"水月镜花"一词来比喻诗中难以捉摸的空灵意境："诗有可解不可解，不必解，若水月镜花，勿泥其迹可也。"后亦用以比喻一切虚幻的景象。

➡ 杭州西湖"平湖秋月"

月亮皎美，世人皆爱，情通古今。月亮高洁、温情、和悦以及阴柔的气质，不知牵动了多少人的无尽遐思，也不知激起过多少诗人的灵感。同样，月亮盈亏交替，圆缺变幻所形成的不同景象，也赋予园林空间以种种景观上的丰富变化，从而受到造园家的格外青睐。明计成在《园冶》中就曾对园林月境之美有十分精辟的论述如，庭院月境为"溶溶月色，瑟瑟风声，静抚一榻琴书，动涵半轮秋水，清气觉来几席，凡尘顿远襟怀"；池边月境为"曲曲一弯柳月，濯魄清波，遥遥十里荷风，递香幽室"；山谷月境为"峰峦缥缈，漏月招云"，"阶前自扫云，岭上谁锄月"；春夏月境为"俯流玩月，坐石品泉"；深秋月境为"凭虚敞阁，举杯明月自相邀。冉冉天香，悠悠桂子"；寒冬月境为"恍来林月美人"，"寒雁数声残月"。月境之美虽因时因地而各臻其趣，但最为美妙的月景当是湖月之美。"俯流玩月"，"皓月清波"，"月来满地水"，"月行似踏水"，赞美的都是水月之妙。

在唐代诗人白居易的笔下，明月像一颗明珠点缀着湖心："松排山面千重翠，月点波心一颗珠。"(《春题湖上》)湖光山色，交相辉映，组成一幅宁谧幽美的夜色图。《红楼梦》展现出的月境更加动人。第七十六回描写贾母率领女眷在大观园东部山顶的凸碧山庄欣赏山中之月，而史湘云却悄悄拉着黛玉去水池山坳处的凹碧溪馆看水中之月，她对黛玉说的一段话，把池边月境之妙趣点化得淋漓尽致："这山上赏月虽好，终不及近水赏月更妙。你知道这山坡底下就是池沿，山坳里近水一个所在就是凹晶馆。可知当日盖这园子时就有学问。这山之高处，就叫凸晶；山之低洼近水处，就叫作凹晶。这'凸凹'

二字，历来用的人最少。如今直用作轩馆之名，更觉新鲜，不落窠臼。可知这两处一上一下，一明一暗，一高一矮，一山一水，竟是特因玩月而设此处。有爱那山高月小的，便往这里来；有爱那皓月清波的，便往那里去。"湘云和黛玉爱看水月，便"来到凹晶馆前卷蓬底下的一对竹墩子上坐了，抬头看见天上一轮明月，熠熠生辉；低头再看水中，一盘月影，冷森森的，如同一个翡翠玉盘一般。天上一轮皓月，池中一个月影，上下争辉，如置身于晶宫鲛室之中，微风一过，粼粼然池面皱碧叠纹，真令人神奇清爽。"大观园中"皓月清波"的水中之月，在曹雪芹的笔下真可谓奇妙绝伦。这种"借月"造景，在众多留存至今的古园中都可以找到例证。

　　江苏的"扬州之月"是有名的，"天下三分明月夜，二分无赖是扬州"（唐徐凝《忆扬州》），扬州多明月，明月满扬州，所以世人爱赏扬州月，扬州人也爱家乡月。扬州适合赏月的佳景甚多，其中特别著名的有三处：一处在新城徐凝门内的"寄啸山庄"（今称何园），这是一座大型住宅园林，为塑造闻名天下的"二分明月"，园在住宅之后，在分隔花园东、西园区的叠落形复道廊上，特意设置了两个赏月平台，东月台赏升月，西月台赏残月。与东月台相对的有四面厅（船厅），正面廊柱有楹联："月作主人梅作客；花为四壁船为家。"厅的四周以卵石瓦片铺地，纹作"水波粼粼"状，以厅为船，给人以水的意境。厅的四壁皆为明窗，月夜在此，"清夜无尘，月色如银"（苏轼），此时的明月，岂不就是此景的主人？瘦西湖的"梅岭春深"和"五亭桥"，也是扬州非常有名的赏月妙境。由乾隆皇帝题景的"梅岭春深"，俗名"小金山"，山上筑有"风亭"，亭有咏月楹联："风月无边，到此胸怀何似；亭台依旧，羡他烟水全收。"山坳筑有"月观"，亦有咏月名联："今月古月，皓魄一轮，把酒问青天，好悟沧桑小劫；长桥短桥，画栏六曲，移舟泊烟渚，可堪风柳多情。"风亭在上，观山月，月观在下，观水月，一高一低，与大观园中的凸晶和凹晶有异曲同工之妙。仿北京北海桥和五龙亭而建造的扬州五亭桥，"上置五亭，下列四翼，洞正侧凡十有五，月满时每洞各衔一月，金色溔漾，众月争辉，莫可名状。"（《扬州画舫录》）有歌曰："扬州好，高跨五亭桥；面面清波涵月镜，头头空洞过云桡；夜听玉人箫。"（《望江南百调》）多么美妙的水月之境。

　　类似的园林月景还可以举出很多，如，北京圆明园曾有"山高先得月"和"溪月松风"，中南海补桐书屋有"待月轩"，承德避暑山庄有"月色江声"，杭州西湖有"三潭印月"和"平湖秋月"，昆明翠湖有"水月轩"，苏州网师园有"待月亭"，留园有"濠濮亭"（此亭原名"掬月"），怡园有"锄月轩"，耦园有"受月池"，浙江海宁安澜园有"和风皎月亭"等。

　　古园中借月造景的形式还有很多。月光与植物组合也能造出美妙的月景，承德避暑山庄有大片的梨树群生于梨树峪，当年康熙皇帝为行宫选址时就深赞"难得一绝景"，于是就在梨树丛中构筑"梨花伴月"，春有梨树花开，漫山皆白，秋有果梨坠枝，幽香溢谷，在清丽如水的月光掩映下格外迷人，真所谓"满地梨花白，风吹碎月明"（崔道融），别有一番诗情画意。苏州留园的石上看月也颇有意趣，

🔒 杭州西湖"平湖秋月"

🔒 杭州西湖"三潭印月"

288 · · · 289

此园中的"五峰仙馆"置有一架落地大理石圆形座屏,是为留园一宝。石屏直径 1.4 米,石面是一幅由天然纹理色彩构成的奇妙画图,图的左上方有一朦胧石晕,恰如云中之月。图的右上方有题跋,曰:"此石产于滇南点苍山,天然水墨图画。康节先生有句云'雨后静观山意思,风前闲看月精神',此石仿佛得之。平梁居士。"这件大自然的造化之作,将明月、云雾、清风、山峦荟萃于一块石上,再现出一种"月雾蒙蒙山更幽"的美妙月境。借用神话故事来塑造月景,相传五代陈朝皇帝陈后主,就曾模拟"蟾宫桂月"的故事,为爱妃张丽华建造"桂宫",其门如月,宫内植有桂树,树下养有白兔。运用古代诗文名句塑造月景,如扬州有"二分明月楼",即用了唐诗人徐凝《忆扬州》中"天下三分明月夜,二分无赖是扬州"的诗句。

雕梁画栋

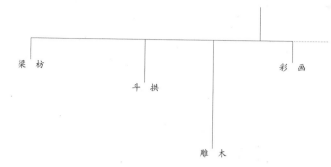

梁　枋

斗　拱

雕　木

彩　画

"雕梁画栋"，谓用雕刻和彩画装饰的梁栋，形容建筑物的华丽与精致。语见元无名氏《看钱奴》："这的是雕梁画栋圣祠堂。"元王子一《误入桃源》："光闪闪贝阙珠宫，齐臻臻碧瓦朱甍，宽绰绰罗帏绣桄，郁巍巍画梁雕栋。"明冯梦龙《醒世恒言》："中间显出一座八角亭子，朱甍碧瓦，画栋雕梁。"明吴承恩《西游记》第十七回："入门里，往前又进，到于三层门里，都是些画栋雕梁，明窗彩户。"《青楼梦》第二回："斜穿竹径，曲绕松廊，转入一层堂内，虽非画栋雕梁，倒也十分幽雅。"《红楼梦》第三回：贾母的正房大院"正面五间上房，皆雕梁画栋"、

"雕梁画栋"和与之相关的另一成语"栋梁之材"，皆因古代建筑的"梁"而生成。栋也是梁（房屋顶部的正梁），而梁又是横向承受建筑物上部重量的"主力"。因此，对房屋上部的外露梁、枋（拉接梁柱的构件）和外檐斗拱施以雕刻和彩绘，正是对房屋重点部位的美化，"美容应在当眼处"，一眼望去雕梁画栋，华丽而又美观。

一眼就可以望到的木构架自由端头（梁头、斗拱），无疑是最令人注目的关节所在。梁枋和斗拱的装饰，惯用的方法有二：一是雕木，二是油漆彩绘。雕木的方法也有两种，一是把整个梁枋加工成月形，弯而如弓，兼有曲直之长，给人以特殊的美感；二是在梁枋的两个侧面和底面进行雕刻，通常多集中于梁枋的中央和两端。一般而言，官式建筑的雕木大都经过严格的筛选，已逐步形成定型的程式，相比之下，民间建筑的梁枋雕刻更为盛行，所展示的内容也更加丰富。有的几乎把整个木梁架都变成为雕刻品，雕刻内容既有卷草和几何纹样组成的图案，也有由人物和环境组成的戏剧场面，雕工玲珑精妙，风格柔软细腻。

油漆彩绘即是彩画，也就是画栋。彩画的出现是我国古代建筑纯熟运用色彩的重要标志。油彩既是木构建筑绝好的"保护膜"，它的五颜六色也着实令人感到赏心悦目。建筑彩画的前身是"挂"上去的，秦汉之前的宫室建筑，就是用彩色帷幕织锦悬挂在横梁进行装饰的，后来才逐步过渡到直接在木构件上施以彩画的做法。现存最早的彩画是甘肃麦积山北周石窟中绘制在柱和枋上的彩画。敦

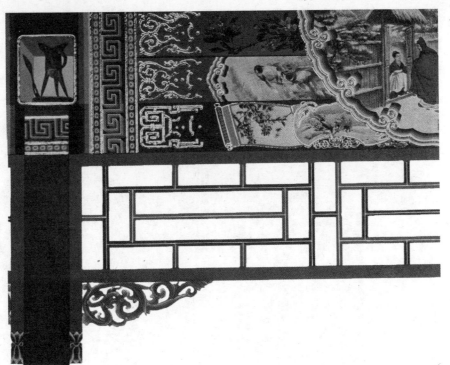

◀ 苏式彩画
➡ 旋子、和玺、苏式
　彩画示意图

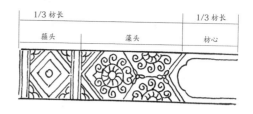

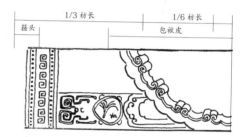

煌石窟中则有五代、宋初的建筑外檐彩画，而现今存世的大都为清代晚期的作品和式样。建筑学家梁思成先生按其画题之不同，将清代彩画归纳为殿式和苏式两大类。依《清式营造则例》的规制，殿式的特征是程式化象征的画题，如龙、凤、锦、旋子、西蕃莲、西蕃草、夔龙、菱花等，这些都用在最庄严的宫殿庙宇上。苏式的特征是写实的笔法和画题，自然现象如云冰纹；花卉如葡萄、莲花、梅、牡丹、芍药、桃子、佛手等；动物如仙人、仙鹤、蛤蟆（海墁）、蝙蝠（福）、鹿（禄）、蝶等；字如福寿等；器皿如鼎、砚、书画等。古代建筑有严格的等级制度，彩画无疑也在约制之列，绝不能胡乱涂抹。所以殿式彩画属于"规矩活"，必须按规矩做活，并以此作为"明贵贱、辨等级"的标志之一。而源于苏杭地区的苏式彩画则较少受规制之约，其风格犹如江南丝织般自由秀丽，图案更精细，花样更丰富。

⬇ 安徽皖南民宅中的梁架雕绘
➡ 清式彩画额枋图案
↘ 天花彩画构图

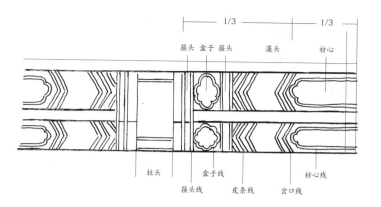

箍头 盒子 箍头　　藻头　　枋心

1/3　　　　　1/3

柱头　　　　盒子线　　　　　　　枋心线
　　箍头线　　皮条线　　岔口线

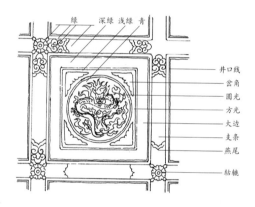

绿　　深绿 浅绿 青

井口线
岔角
圆光
方光
大边
支条
燕尾
秸轱

濠梁观鱼

天然自由

逍遥游乐

"濠梁观鱼"，源出《庄子·秋水》："庄子与惠子游于濠梁之上。庄子曰：'鯈鱼出游从容，是鱼之乐也。'惠子曰：'子非鱼，安知鱼之乐？'庄子曰：'子非我，安知我不知鱼之乐？'惠子曰：'我非子，固不知子矣；子固非鱼也，子之不知鱼之乐，全矣。'庄子曰：'请循其本。子曰汝安知鱼乐云者，既已知吾知之而问我，我知之濠上也。'"庄子这则充满哲理的著名典故，后又被《世说新语·言语》糅合为"濠濮间想"："简文帝入华林园，顾谓左右曰：'会心处不必在远，翳然林水，便自有濠濮间想也，觉鸟兽禽鱼自来亲人。'"从此，"濠梁观鱼"和"濠濮间想"，也就逐渐成为中国艺术中的一个重要境界，成为古人向往天然、追求自由的内心表白，并被历代造园家纳入园林"造景"之中。

我国古代造园，一直都把畜养观赏动物作为一种重要的景观要素，借以"鼓吹名园，针砭俗耳"（《花镜》）。而"在我国古典园林的所有以小动物为主题的景致中，鱼的地位最高。"（刘天华《画境文心》）鱼的美妙姿态和自如的神情意趣，令人愉悦，也发人遐思。南宋理学家朱熹在诠释庄子观鱼知乐的内涵时曾经说过这样的话："鸢有鸢之性，鱼有鱼之性，其非其跃，天机自完，便是天理流行发见之妙处。"（《朱子语类》）正因为如此，所以在古典园林中总不乏以临流观鱼、知鱼之乐、与鱼为侣为主题的景观。在北京圆明园的"坦坦荡荡"景区有鱼乐国和知鱼亭，"淡泊宁静"景区有濯鳞沼和钓鱼矶；颐和园有知鱼桥和鱼藻轩；静明园有知鱼濠；北海有濠濮间；中南海有牣鱼亭。承德避暑山庄有濠濮间想、石矶观鱼和知鱼矶。上海豫园有鱼乐榭。苏州留园有濠濮亭；艺圃有乳鱼亭；沧浪亭有观鱼处。无锡寄畅园有知鱼槛。东莞可园有观鱼簃。杭州西湖有花港观鱼、鱼乐园。南京玄武湖有观鱼池。安徽黟县山水园林化village落宏村有观鱼厅。重庆缙云山有钓鱼台等。这一处处和鱼相关的景点，无不是对庄子濠梁观鱼的直接模拟，不同的景观都能创造出"行到观鱼处，澄澄洗我心"（清王方若《沧浪杂诗》）的意境，并以此寄托人的精神意趣。

园林中的很多匾联，又进一步深化了此类景点的意境，从而令审美达到更高层次。如上海豫园鱼乐榭额曰"会心不远"；苏州留园

杭州西湖“花港观鱼”

临水而筑的冠云台额曰“安知我不知鱼之乐”;北京颐和园鱼藻轩额曰“鞶鉴可征”和“芳风咏时”,北海濠濮间额曰“壶中云石”等。北京北海濠濮间有联曰:“眄林木清幽会心不远;对禽鱼翔泳乐意相关。”颐和园的知鱼桥牌坊有乾隆所书楹联曰:“回翔凫雁心含喜;新茁蘋蒲意总闲。”和“月波潋滟金为色;风濑琤琮石有声。”杭州西湖玉泉鱼乐园有楹联曰:“鱼乐人亦乐;泉清心共清。”昆明翠湖海心亭有联曰:“子产舍鱼,溯放生之始;庄周知乐,开转偈之机。”“此即濠间,非我非鱼皆乐境;偶来亭畔,在山在水有遗音。”

造园家的苦心，也得到赏园者的认同，尤其受到诗家的赞许。北京颐和园的知鱼桥桥头石坊横额上面镌有乾隆咏"濠上问答"诗数首，其中有："屡步石桥上，轻鲦出水游。濠梁真识乐，竿浅不须投。子嗤我多辩，烟波匪外求。琳池春雨足，菁藻任潜浮。"另有："林泉咫尺足清娱，拔剌文鳞动绿蒲。当日惠庄评论处，至今知者是娵隅。"北京颐和园的鱼藻轩又有乾隆咏鱼藻轩诗："负冰初过矣，依藻又怡然。物各适其性，时维迁不迁。跃潜喻合道，动静性具天。设似牧人梦，所祈是有年。"承德避暑山庄的石矶观鱼为康熙皇帝所定，还亲自写诗记其胜："唱晚鱼歌旁石矶，空中任鸟带云飞。羡鱼结网何须计，备有长竿坠钓肥。"另一处知鱼矶为乾隆皇帝所定，嘉庆皇帝曾写诗记其胜："游心濠濮间，在藻锦鳞戏。洋洋唼浪花，穿萍影浮翠。"帝王之赏如此，文人之观也相同。宋苏舜钦曾为苏州沧浪亭观鱼处写有《沧浪观鱼》诗："瑟瑟清波见戏鳞，浮沉追逐巧相亲。我嗟不及群鱼乐，虚作人间半世人。"明王世祯也有一首《玉泉寺观鱼》诗："投饵聚时霞作片，避人深处月初弦。还将吾乐同鱼乐，三复庄生濠上篇。"明徐贲的《和高季迪师子林池上观鱼》诗曰："微微林景凉，悄悄池鱼出；欲去戏仍恋，札探惊还逸。行循曲岛幽，聚傍新荷密；不有濠梁兴，谁能坐终日。"清王方若亦有《沧浪杂诗》："行到观鱼处，澄澄洗我心。浮沉无定影，诳潚有微音。风飑藕花落，烟笼溪水深。濠梁何必远，此乐一为寻。"清汪琬为苏州艺圃乳鱼亭赋诗曰："碧流沲方塘，琬槛得幽趣。无风莲叶摇，知有游鳞聚。翡翠忽成双，撇波来复去。"所有这些，无不是庄子"知鱼之乐"体验的辐射和延伸。

主要参考书目

[1] 王涛 . 中国成语大辞典 [M]. 上海：上海辞书出版社，1987.

[2] 陆尊梧 . 中国典故 [M]. 上海：东方出版中心，1998.

[3] 杨廷宝，戴念慈 . 中国大百科全书·建筑园林城市规划 [M]. 北京：中国大百科全书出版社，1990.

[4] 潘谷西 . 中国美术全集·园林建筑 [M]. 北京：中国建筑工业出版社，1991.

[5] 梁思成 . 清代营造则例 [M]. 北京：中国建筑工业出版社，1981.

[6] 茅以升 . 中国古桥技术史 [M]. 北京：北京出版社，1986.

[7] 刘徐州 . 趣谈中国戏楼 [M]. 天津：百花文艺出版社，2004.

[8] 胡兆舟，周满江 . 中国历代名诗分类大典 [M]. 南宁：广西人民出版社，1990.

[9] 陈从周 . 梓室余墨 [M]. 香港：商务印书馆（香港）有限公司，1997.

[10] 张良皋 . 匠学七说 [M]. 北京：中国建筑工业出版社，2002.

[11] 赵广超 . 不只中国木建筑 [M]. 上海：上海科学技术出版社，2001.

[12] 修君，鉴今 . 中国乐妓史 [M]. 北京：中国文联出版社，2003.

[13] 陈从周 . 中国园林鉴赏辞典 [M]. 上海：华东师范大学出版社，2001.

[14] 陈植 . 园冶注释 [M]. 北京：中国建筑工业出版社，1981.

[15] 李渔 . 闲情偶记 [M]. 杭州：浙江古籍出版社，1985.

[16] 李斗 . 扬州画舫录 [M]. 扬州：江苏广陵古籍刻印社，1984.

[17] 陈从周，蒋启霆 . 园综 [M]. 赵厚均，注释 . 上海：同济大学出版社，2004.

[18] 艾定增，梁敦睦 . 中国风景园林文学作品选析 [M]. 北京：中国建筑工业出版社，1993.

[19] 李允鉌 . 华夏意匠 [M]. 天津：天津大学出版社，2005.

[20] 曹林娣 . 中国园林文化 [M]. 北京：中国建筑工业出版社，2005.

[21] 金学智 . 中国园林美学 [M]. 南京：江苏文艺出版社，1990.

[22] 王书奴 . 中国娼妓史 [M]. 台北：台湾代表作国际图书出版有限公司，2006.

[23] 周武忠，陈莜燕 . 赏花说园 [M]. 北京：中国农业出版社，1999.

[24] 朱铭，董占军 . 壶中天地——道与园林 [M]. 济南：山东美术出版社，1998.

[25] 任晓红 . 禅与中国园林 [M]. 北京：商务印书馆国际有限公司，1994.

[26] 殷伟，任玫 . 中国沐浴文化 [M]. 昆明：云南人民出版社，2003.

[27] 王力 . 中国古代文化常识图典 [M]. 北京：中国言实出版社，2002.

成语中的中国建筑

图书在版编目［CIP］数据

成语中的中国建筑 / 陈鹤岁 著 . 一 天津：

天津大学出版社，2014.12

ISBN 978-7-5618-5235-4

Ⅰ . ①成… Ⅱ . ①陈… Ⅲ . ①建筑艺术—中国

—普及读物 Ⅳ . ① TU.862

中国版本图书馆 CIP 数据核字（2015）第 008878 号

出版发行：天津大学出版社

出版人：杨欢

地址：天津市卫津路 92 号天津大学内

邮政编码：300072

电话：发行部 / 022-27403647

网址：publish.tju.edu.cn

印刷：北京信彩瑞禾印刷厂

经销：全国各地新华书店

开本：140mm×210mm

印张：9.5

字数：256 千字

版次：2015 年 2 月第 1 版

印次：2015 年 2 月第 1 次

定价：35.00 元